AQUARIUS

AQUARIUS

AQUARIUS

AQUARIUS

Enjoy是欣賞、享受，
以及樂在其中的一種生活態度。

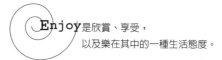

好好

呂欣潔——著

給女同志身體、性愛與親密關係的指導

（全新修訂版）

謝辭

本書特別感謝二〇〇九到二〇一一年的親密關係小組成員們，一同創作出台灣本土在地的「拉子性愛寶典」，以及「拉子性愛百問」的問卷設計、蒐集資料與分析等重要工作，為台灣女同志的情慾歷史資料留下重要的一頁。

感謝Alfred協助我重新擬定和處理二〇二一年新版的「拉子性愛百問」問卷的資料蒐集與分析，你在同志運動中的多年投入令我感佩！

感謝本書中多位過去與現在接受我訪談與訪問的女同志、雙性戀女性與跨性別的朋

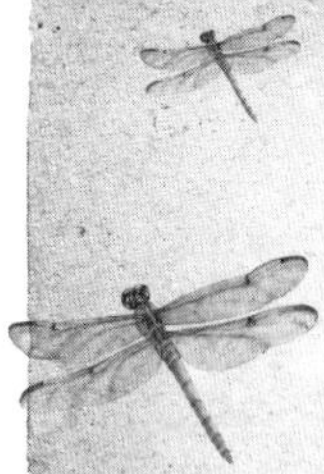

友們，感謝妳／你們無私地與讀者分享自身經驗，讓更多讀者能理解多元生命的美麗。

感謝湯姆協助我修訂跨性別與性別認同相關的章節，讓我也重新學習更多跨性別知識。感謝皮繩愉虐邦十夜女王在本書初版時，與我分享台灣女同志社群之觀察。感謝Della在本書再版時，在BDSM領域給我的意見和協助修訂。

感謝大平台和熱線的同事們給我很多工作和人生的養分和支持，夥伴的存在真的很重要。

最後，感謝我的父母兄妹、凌和瓊文、仁萱、狼、太太幫們和Z，這些年來在運動路上無怨無悔的支持和協助。謝謝涵與我同行前進，認識更多新的世界。

【推薦文】

好好的性、好好的快樂與滿足

◎徐志雲（精神科醫師、台灣同志諮詢熱線協會理事長）

二〇〇三年，我跟欣潔幾乎同期進入台灣同志諮詢熱線協會（簡稱「熱線」）當義工。過了數年，欣潔成為熱線的專任工作人員，我也擔任理監事；爾後欣潔創立了彩虹平權大平台，我則擔任熱線的理事長。十多年來，我們一起參與了台灣同志運動的風起雲湧，也見證了台灣同志社群的巨大變化。

早年（真的很早年）的熱線裡，男同志是義工的大宗，也因此在舉辦活動時，經常落入男同志主體的用語。而欣潔是當年參加熱線最深入的女同志義工，常常（被迫）擔負起提醒大家「不要落入男同志視角」的糾察隊角色。我完全可以理解當這樣的糾察隊角色有多不容易，因為會有惹人嫌的壓力，但又不得不提醒再提醒、不厭其煩地提醒，以讓所有義工都能更具有LGBTIQA……的全方位敏感度。

後來，欣潔成為熱線的專任工作人員，女同志義工的比例也快速攀升，熱線成為國際上難得男女同志、乃至跨性別族群共存共融的長青ＮＧＯ（真的，國外的ＮＧＯ很常走到男女同志分家、同雙性戀與跨性別分家），這個歷程當中，欣潔功不可沒。我們共同走過那段女同志資源非常缺乏的年代，欣潔一路胼手胝足，希望能拓展女同志的感情資源，這其中當然也包含了性的資源。

這也是熱線一直堅持的原則，絕不避談性，因為性與愛都是人權。至今熱線的女同志親密關係小組依然非常活躍，因為這個社會還有太多女同志需要透透氣。我常跟熱線的女同志義工開玩笑說，女同志要約炮、要交友實在太艱辛了，交友ＡＰＰ跟網站如此貧乏，然後交友檔案不放照片也就算了，每個人的自介都是四千字起跳，而且個個有養貓，到底要怎麼分誰是誰？

儘管以男同志視角來看，女同志的交友生態如此奇妙（算了啦，我想女同志看男同志的交友生態也是會覺得胃食道逆流），但女同志的情感與性愛絕對還是非常可觀，欣潔這本書就是其中的代表作。雖然這看起來是一本寫給女同志看的書，但裡頭所談到的身體探索、對於性的觀念、性伴侶彼此間的心法，其實適用於所有女性以及對女性有慾望的人，

好好

所以異性戀男女們也都非常值得來讀。

欣潔在書裡提到，高中時她念女校，護理老師在教如何戴保險套時，面對班上同學提問「女生跟女生要怎麼做」而不知所措。她念的女校其實就是北一女，而在二十多年前，何止護理老師會不知所措，北一女的校長甚至還說過「我們學校沒有同性戀」的言論（一九九四年，北一女兩位學生相偕自殺後，媒體採訪當時的北一女校長，出現這樣的回應）。

我們很慶幸台灣一直在進步，同性戀已經不再是禁語。當社會大眾逐漸能誠實地接受這個世界就是有這麼多元的性別、性傾向，我們更要學習的其實還有：這個世界有這麼多元的性。

這本書在二〇二一年重新修訂、出版，對於女同志做愛的地點、工具、方式，都有更加豐富而實用的介紹（真的是很實用的那種！），也將跨性別、BDSM、開放式關係都納入書籍內容，還涵蓋了一直很少被討論、但卻非常重要的女女安全性行為。這樣一本好書能不買嗎？

這本書不是只有教妳性愛技巧，欣潔更想傳遞的是對於性的正向感受，從心理到生理的練習與開發。正如她在書中所說的：

只要不強加傷害在任何一個人身上，任何一種情慾都是正常、真實存在，且沒有對錯的。過去我們太常過度批判自己：「太常做愛是不是不好？」「我對她有性幻想是對的嗎？」「喜歡被綁起來是不是很變態？」停止責備自己或別人，性是我們人生中的一種健康力量，更是能帶給我們快樂、滿足的重要來源。

期待這本書能讓每位女子，都值得擁有好好的性、好好的快樂與好好的滿足。

【推薦文】

女女性愛，無比美妙啊！

◎瞿欣怡（作家）

「只要可以跟女生在一起，我願意一輩子都不要做愛！」十七歲的我，曾經發下這個非常可笑的誓言。畢竟，當時別說是女女做愛的知識了，連女女相戀都超級禁忌啊，我哪裡會知道女生跟女生可以做愛！

我當時對性愛的唯二理解——第一次理解，是不小心看到志村健的喜劇裡，偷摸女性屁股的橋段，好像還有粉紅色的乳頭，那時心裡好像激起了點什麼，一起偷看錄影帶的男生（長大後知道他是Gay，幸好），呼吸也變得沉重了。我隱約意識到：「這是性嗎？」另一個理解是上「健康教育」課時，女同學問老師要怎麼懷孕？老師臉紅著說：「就像開鑰匙啊。」奇妙的是，大家就瞬間懂了欸。我們的悟性真的好高。

總之，在性知識貧乏的年代，我發現自己愛上女同學，已經夠驚慌失措，竟然還有餘力想著：「如果是跟她戀愛，一輩子都不要做愛也沒關係吧。」

幸好，老天爺沒有那麼殘酷！在分分合合數年之後，我們終於做愛了。一切來得那麼措手不及，我只是跟她講起最近讀的小說，裡面有句話：「女生跟女生可不可以做愛？」她突然想要證明T的雄風，於是大力地把我抱到床上，我們就做了。談不上美妙，也不記得有沒有高潮，可是身體的親密感卻永生難忘。

雖然知道女女可以做愛，但是在這條路上，我還是跌了好幾跤。跟T做愛的坑太多，疑問也太多了！「為什麼她們都不讓我脫衣服？」「不脫我是很省事，但她們要怎樣才會開心？」「為什麼T要說自己有身體，沒情慾？」「根本沒有碰觸性器官，她是在嗨什麼？」「為什麼T到最後都不喜歡做愛？」「到底要怎麼精進我的技巧，不要摸兩下就被撥開？」以及，「真希望T也可以嘗嘗欲仙欲死的滋味啊！」

儘管對於T們只求付出、不求回報的性愛模式感到很納悶，但是當她們如此專心想要取悅我時，我真的充滿感恩的心，真的。只不過，如果我小時候就能讀到欣潔的《好好》，那些跟我交往過的T，多少可以得到點性福啊（小貓對不起你們）！

好好

《好好》，根本是女同志的性愛聖經，從前戲、親吻、指交到口交，欣潔都寫得鉅細彌遺，包括指甲該怎麼剪、親吻要怎麼用舌頭試探、胸部要怎麼撫摸，一直到陰蒂怎麼玩、不要一進陰道就埋頭猛衝，這些都非常重要，請用心閱讀！

欣潔的幽默，更讓我在閱讀時不斷哈哈大笑。女同志性愛「曠日費時」，不是像異性戀男性視角的A片那樣，衝刺一下就沒有了，那也太無聊了。女同志的前戲可是從喝咖啡的言語挑逗就開始了，在床上脫內衣、脫小褲褲之後迎向高潮，接著還沒完，還得擁抱，說點甜言蜜語。照欣潔的形容就是：「Motel的休息時段是兩小時，異性戀已經大戰數回合，女同志就從前戲的軟語到做愛，已經一個半小時。翻床率真的太低了！」

她也善意提醒女孩們最好去鍛鍊肌力，畢竟女性的高潮是綿延不絕的，跟男性的大怒神「咻——一下就過去」不太一樣。想要攀登到頂峰，有些肌力總是好的。

至於女同志間愈來愈多的一夜情，欣潔也不得不叮嚀，不要一上床就暈船，睡前享受了完美性愛，睡醒就想跟對方長相廝守，她說：「如果真的是你的緣分，不會一起床就跑掉，請給彼此多一點時間思考。」

欣潔畢竟是做性別運動的人（讚嘆的意味），她在書中提到的性別意識，讓這本書更有深度。她引用了美國親密關係治療師埃絲特．沛瑞爾（Esther Perel）說的：「這是歷史上第一遭，我們想要長久地體驗性愛，並不是因為我們想要十四個孩子，或我們擔心孩子早夭而需要多生育一些，更不是因為女人在婚姻中的義務。這是歷史上第一次，我們心中對歡愉及與他人連結的渴望，促使我們期待長期且活躍的性愛關係。」

女女的性愛，本來就不是為了生殖，而是為了歡愉；異性戀女性也應該敞開心胸，享受性愛的美好。就像欣潔說的，享受性愛的快樂，就跟每次吃到豬排飯一樣，是那麼簡單的美好啊！

「每個女人的身體都是特別的。」欣潔寫著：「不管其他人是否討論或評論過你的身體，你都要有這樣的信念。」

請好好地隨著欣潔的書，享受自己的身體，享受美好的性愛吧。

最後，女生跟女生當然可以做愛，而且無比美妙。

新版序言

二〇一五年正式宣布參與立委選舉後沒多久，我出了第一本書《好好時光》，把我從十八歲開始投入同志運動所累積的服務女同志社群的經歷，整理成冊。當時選舉如火如荼展開，本來我擔心這本女同志性愛工具書會被社會攻擊或批評，但幸好（？）這本書其實沒有受到太多主流社會的注目，但女同志社群的有趣特性便是，我們或許不大聲嚷嚷，但總默默地存在和展現著。《好好時光》也這樣默默地賣了五年多，直至今日還有機會重新改寫出版，我深深地感謝老天的眷顧。

後來大家在媒體上認識的我，多數是在街頭上和群眾一起搖旗吶喊，或是在婚姻平權修法的公聽會上，面對反同方的嚴厲反駁。我的人生，或是說對外所呈現的模樣，漸漸地在二〇一六年之後，和婚姻平權運動緊緊綁在一起。有些人因為我推動修法運動以為我是律師，有些人因為我選過一場選舉叫我委員（或議員），然而，這一路走來，我作為一個有著社會工作專業認同的倡議運動者，最有興趣、總著迷不已的，依舊是探究人與人之間的各種親密關係互動與連結。

性與情慾的交流互動，性作為親密伴侶之間的重要溝通橋樑和親密感的來源，因為種種社會價值與傳統文化的影響，成為了關係中最特別，也通常最難以開啟討論的部分。多年前《好好時光》出版之後，這些年我陸續收到許多女同志朋友的來信，有的是振筆疾書了好幾張信紙，也有的是傳來幾句簡短但真誠的回饋，其中有不少讓我感受到難以承擔的盛譽，訴說著在她們的人生中，從未有人用正面的態度開啟這些與性相關的討論。也有不少人道著感謝，說這本書讓她和初戀女友展開了幸/性福的人生。這些都是我當初沒有預期到的回饋，也讓我有機會重新充電，繼續我其他部分的、較為嚴肅的同志運動之路。

這些年因為婚姻平權運動，台灣對同志議題的討論度快速改變著，主流媒體和社群媒體上，同志伴侶的形象不再陌生，但也因為這些年我們這麼努力著要被這個社會接受，更多元的同志生命樣貌也難以避免地被平面化和單一化，甚至有更多的壓力要做一個「好的同志」。大家身上都背負著要做一個好示範給社會看的壓力，而更多的自己或許也因此更被推回櫃中。

這本書重新出版，便是希望透過訴說我們自己的故事，再次去破除那些刻板印象和單一既定的同志樣貌。我們得不斷地談，以訴說來記錄台灣女同志社群的情慾樣貌，用自身經驗去挑戰這個社會看待女人和同志性愛的角度，並且開創空間讓我們能夠更自由地去尋找自己。

本書除了維持過去第一版中基本的身體與情慾介紹之外，我增加了一些討論開放式關係和多元情慾的內容，但同時也著墨更多關於長期伴侶關係，甚至是生養孩子後的伴侶性愛生活討論，還有更多的溝通、溝通、溝通（別嫌我煩，後面還會繼續看到很多各種層次的溝通討論）。除了伴侶與情人間的，也有自己和自己的溝通，希望能一起改善我們習慣自我批判的狀態，轉而建立以包容和健康的方式與自己的身體相處。

要先說明的是，這本書到目前為止，大部分的章節依然是以描述順性別女性的同性親密關係樣貌為主，因為我所能接觸到的跨性別或非二元性別者機會不夠豐沛，也希望未來有更多元的故事再分享給大家。有別於市面上與女同志性愛有關的歐美翻譯書籍，我盡可能將過去在親密關係議題的工作經驗中，觀察到的在地女同志社群狀況整理書寫。然而研究女性、甚至是女同志性愛的科學到目前為止都尚未非常成熟，還有很多的未知領域，或我受限於研究時間或經驗，仍力有未逮之處，但仍希望看完此書的妳或你，即使這個社會不停告訴我們，我們不夠可愛或太奇怪、不值得被愛、不夠好，在我們一起經歷這個探索旅程之後，能充分讓自己體會到：我們都值得，也能夠讓自己完整地享受、接納自信且愉悅的性愛。

好好

在「討論」性與情慾的練習之路上，我花了許多時間去學習挑戰自己的恐懼，與他人強加的道德觀感。我學習到的是，我們都該將性愛視為給自己的美好禮物，性愛該帶來的是滿足和幸福感，而非壓抑和痛苦。

藉著這本書，分享己身的經歷與研究，希望能帶給更多有同樣挫折的朋友一點可能性。我相信閱讀完此書，妳將會是自己的最佳資源，現在就開始思考、討論與實踐，激出彼此的火花吧！

【寫在前面】

我們都不一樣，我們也都很正常

身為一個女性與同志，我的青少年自我認同過程其實相當封閉。記得國高中時期，開始逐漸接受自己喜歡女生後，對於未來的伴侶關係和親密生活完全沒有任何想像，於是開始做好老年會孤單一人提著行李入住安養院的心理準備。當時常感到絕望與孤單，不知道能向誰求助。鼓起勇氣走進當時少數有性別專櫃的誠品書店，想更了解自己到底是怎麼一回事，卻發現展示的書籍中，同志不是死，就是瘋，被趕出家門或與親人恩斷義絕的更不在少數，讓我對自己的未來更加恐懼。

上了大學和初戀女友交往，伴侶之間的性關係一直是我心中的糾結之處，有許多話和疑

好好

問就像卡在喉頭的魚刺，常常咳不出來也吞不下去。性，其實是上天賜予我們相當美好的禮物，但我永遠記得第一次我與另一個女人肌膚相親時，心中雖因與心愛的人分享這親密時刻而充滿喜悅，卻同時也摻雜了一絲罪惡感與愧疚，覺得自己好像做了不好的事情，而這件事情不能和別人說。

回顧成長過程那些與性相關的時刻，時常包含矛盾與無助的負面情緒：初初感覺身體慾望時，逐漸察覺自己喜歡女人的身體，而對男人沒有任何感覺，心中伴隨的是緊張和恐懼；在我和伴侶之間遇到性的問題時，跳進我腦海裡的第一個念頭是「是不是我有問題」，或「我的身體不夠有吸引力」；第一次嘗試和伴侶溝通關於性的不滿，話都還沒脫口而出，眼淚就不自主地狂流不止……

性只能做、不能說的觀念，充斥著整個台灣社會，女人的性和同志的性，尤其嚴重。在大社會脈絡下成長的我，也無差別地接受了這樣的想法。直到開始進入同志運動，二〇〇三年加入台灣同志諮詢熱線協會之後，才發現有許多人對於自己的同志身分、性愛需求和情慾想像侃侃而談，自在不已，讓我驚覺自己過去真的被太多無謂的、單一霸道的價值觀束縛，進而忘記人被賦予最本能的需求——尋找快樂、親密感與愛。

然而，當我於二〇〇八年開始在熱線工作，一股衝動想找人一同討論女同志的性愛時，卻發現眾人雖然參與意願強烈，但現實中缺乏了許多在地詞彙、用語能描述自己的狀態和感受。因為很少討論，所以不知道從何討論起；多數人對於公開訴說情慾與性愛，會產生不自覺的愧疚與尷尬感……種種狀況，阻礙了討論的進展。其實這些感受，我也會有，但我有幸利用許多性教育演講機會，以及各種公眾或私人的群體討論場合，試著不斷挑戰自己過去對於性的感受。我希望自己能跳脫過去傳統社會所加諸女性與同志身上的束縛，以正向的心態來看待、討論我們的性。

於是當時我們嘗試使用網路問卷，來蒐集社群的想法，歷經一年不斷的討論和整理，民國一百年時，「拉子性愛百問」出爐了。令我們吃驚的是，不過兩個月時間，竟然超過兩千多份的有效問卷回收。由此可見，大家並非不想討論，而是苦無資源與空間，加上害羞與擔心別人眼光、評價的限制使然。而在今年民國一一〇年，睽違十年之後，我再次整理之前的問卷問題，重新放上網路邀請大家填寫，有賴於各界的協助宣傳，不到一週的時間，一千七百多份的問卷便回收完成，令我和協助處理問卷的男同志義工夥伴吃驚不已，可見社群的力量和需求之大。

當我細細看著填答者們無私分享他們最私密的想法或經驗時，我理解到縱使我們的生理結構相似，但每個人的經驗和生命，與身體所交織出來的過程都是獨一無二的，而且肯定會隨著人生階段而改變。所以，不管妳或你的腦袋在閱讀本書時出現了多少跟性有關的疑問，都請先深呼吸一口氣，告訴自己：「我很正常！」我們都不一樣，我們也都很正常。

作為女性，我們從小充滿了對性不說（或說不出口）的教育；身為同志，我們能學習或了解性的管道更是屈指可數。市面上鋪天蓋地的各種兩性文章，那些男人該做的事、女人該有的樣子，都跟我們格格不入；從小到大腦袋中一連串的問題，總是找不到解答。我希望這本書能給年輕的女同志朋友一點鼓勵，知道你並不奇怪，也給出道已久的資深女同志朋友們一點啟發，或許我們能有和自己與對方的身體互動的不同方式。

好好

如果你／妳對「拉子性愛百問」的問卷結果有興趣了解更多，歡迎至以下連結檢視數據結果：https://reurl.cc/v5NMyL。

目錄

目錄

第六章 女同志性玩具

第七章　踢、婆、不分，床上大不同

第八章　拜託死床不要來

第九章　女同無法歸類

第十章　安全的性與婦科健康

本書用語

在開始討論之前，我們先把本書常見的詞彙做比較清楚的定義，讓大家在閱讀過程中更了解要討論的議題。我也希望可以用更為正面和清楚的詞彙來討論性愛，避免台灣社會很常把「性」強行加入負向、道德價值判斷的意涵。同時，我在書中會交替著使用有女部的妳／她，和人部的你／他，以確保不同傾向和認同的朋友，都能夠在書中找到自己的位置。

性傾向（Sexual Orientation）

指人情感上的愛戀，身體上也有欲望的性別偏好，比如說：一位男性對一位女性有情感上的愛戀，也有生理上的慾望，這位男性就是一般通稱的異性戀（Heterosexual）男性，反之亦然。如果一個人對同性有相同的感覺，就可稱為同性戀（Lesbian／Gay）。如果有可能會喜歡男性，也有可能會喜歡女性，

那就是雙性戀（Bisexual）。

性傾向這個詞彙並不單純指稱同性戀或雙性戀，異性戀也是性傾向當中的一種。目前有些朋友開始發現自己是疑性戀（Questioning）、流性戀（Fluid）、無性戀（Asexual）或是泛性戀（Pansexual），以下也幫大家一一簡單介紹：

- **疑性戀**：指對於自己偏向哪一種性傾向還在探索和理解當中，他可能是在一個探索的階段，但也可能就停在這個階段，持續地自我理解。
- **流性戀**：指認同「流動」就是自己的性傾向。
- **無性戀**：指不特別對男性或女生之特定性別有情慾上的偏好，對人不會產生性慾或只有低度的性慾，但依舊會有親密關係和愛戀的需求。
- **泛性戀**：指一個人會被另一個人類所吸引，不限定任何的生理性別、性傾向或性別認同。

性別認同（Gender Identity）

是指對自己性別上的認同，不管是認同自己為男性、女性，或為其他非傳統定義上的二元性別。多數人在從小學習和社會建構的機制下，會很快地學習男生怎麼當一個男生，女生怎麼當一個女生。當一個人出生時的性別和自己在成長過程中體會到的性別認同有所差異時（如：出生有陰莖的男性，在長大的過程中覺得自己是個女孩），通常會和現有的社會體制產生一些衝撞。

台灣到目前（二〇二二年）為止，仍需要使用荷爾蒙療法和醫療介入（俗稱的變性手術，較中性的說法是「性別重置手術」）才能更換身分證件。這是目前台灣性別運動逐漸關注的焦點議題，不是每一個跨性別者都需要透過醫療資源的介入，才能夠安於自己的性別狀態，也有些跨性別者在成長的路上逐漸接受自己的生理狀態，並找到與其共處的方式。故跨性別這三個字本身的意義在台灣還非常浮動，所包含的主體非常多元，上述只是概略性的說明。

這幾年很常出現的另一個詞彙叫做順性別（Cisgender），代表你的出生性別、心理認同和社會角色多數是一致的。比如說，我出生時擁有女性的生理結構，在成長過程中被教育成一名女性，也覺得自己是一名女性，因此我就是一名順性別女性。

性別認同和性傾向是兩個不相衝突的概念，一般來說都可同時存在，每個人身上都會有自己的性別認同（男、女、陰陽人或其他非傳統二元性別）和性傾向（異性戀、同性戀、雙性戀、疑／流性戀、無性戀、泛性戀等）。如果一位男生覺得自己是女生，但「她」還是喜歡女生，外界可能會覺得是「一個男生喜歡一個女生，等於異性戀」，但對「她」來說，會是「我是一個女生，喜歡女生，比較覺得自己是同性戀」。

這幾年歐美國家除了跨性別之外，也很常出現非二元性別（Gender Non-binary）的性別認同。會自我認同為跨性別的朋友，通常還是會在傳統男女的框架中做選擇，或進一步採取醫療介入的方式來改變性別、成為男性或女性，但非二元性別者通常不會認為自己是男性或女性，而是比較偏向主張每個人都有自己獨特的樣子。

過去在台灣，會自我認同為跨性別的朋友，較為人知的也是在傳統男女框架中去選擇自己想成為的性別，也可能透過醫療資源的介入改變性別為男性或女性。但近年來，也開始有人會以「非性別二元」

者的樣貌出現，這也豐富了台灣人心中對於「跨性別者」本身所涵蓋族群樣態的想像。

性別氣質（Gender Expression）

外表的表現像怎麼樣的性別，有時候也稱性別表達。通常我們在主流社會的成長過程中，會逐漸被教育成「男生要有男生的樣子」、「女生要有女生的樣子」，但有些人會慢慢發現自己所喜歡的外在氣質，和這個社會所期待的傳統樣貌有所不同。一般來說，我們會用「陽剛」或「陰柔」來形容性別氣質。需要注意的是，性別氣質和社會期待較為不同的人，並不代表他或她就是同性戀，如較陽剛的女性也有可能是喜歡男性的異性戀者。

正向的情慾態度（Sex Positive Attitude）

只要不強加傷害在任何一個人身上，任何一種情慾都是正常、真實存在，且沒有對錯的。過去我們太常過度批判自己：「太常做愛是不是不好？」「我對她有性幻想是對的嗎？」「喜歡被綁起來是不是很變態？」停止責備自己或別人，性是我們人生中的一種健康力量，更是能帶給我們快樂、滿足的重要來源。

不帶價值判斷（Non-judgmental）

每個人自然都有自己對事物的價值判斷，但所謂不帶價值判斷，是指在評斷自己或別人「好」或「不好」之前，先停下幾分鐘，聆聽對方為什麼這樣做，或聆聽自己心裡的聲音，並且尊重「與此事件有牽涉的人」的相關意願和想法。許多事情並沒有絕對的是非對錯，端看用怎樣的角度來詮釋。

性愛（Sex）

「妳覺得是性愛就是性愛」，這是唯一的標準。開放／多重關係的啟蒙書《道德浪女》中就有提過：「如果妳和另一個人一起吃冰淇淋聖代，而妳們都覺得這樣很性感，那對妳們來說就是性愛。」看似很極端的例子，但也明白地表示出，當事人的感受和認知才是最真實的。

攻受（Top／Bottom）

從ＢＬ同人誌中衍伸出來的詞彙，指性行為上的角色。過去通常是指男同志中一號和零號的關係，一名為進入者，就是所謂的「攻」、主動者，另一名為接受者，就是所謂的「受」、被動者。我自己覺得攻和受的詞彙很生動，所以在女同志的性愛關係中，我也很常使用，以方便大家想像角色上的畫面。但需要提醒的是，這在書中（或我自己的生活中）是一個性角色的描述，而性角色並不是一成不變的，在女同志的性愛關係中，也不必然性別氣質陽剛者（通常稱為Ｔ）就一定是攻者，陰柔者就一定是受者。攻受的比例或狀況，每組人都可以有自己在當下的偏好或選擇。

第一章
打開妳的大腦

好好

第一章　打開妳的大腦

在第一章最開始，我想先問妳一個問題：

說到性愛，妳會想到什麼呢？

現在，閉上眼睛想想，從小到大，當我們談到性愛，妳都接收到了什麼樣的訊息？如果腦袋一時一片空白，先給我幾個形容詞吧！再來，試著去感覺一些妳想到性愛時的感受。最後，再回想一下，這個社會提到「女人」和「性」的時候，都說了些什麼？

性愛的想像

過去我的朋友間曾經有一個非正式的調查，問了約二十個女性朋友以上的問題，對象在當時多數是二十到三十歲之間的女性，以女同性戀和雙性戀女性居多，也有幾位異性戀的朋友回應，以下是調查的結果：

正向

生孩子、懷孕、神聖、第一次很重要、有愛才可以發生、是很美好的事情、那是愛嗎？舒服、爽、害羞、好奇。

負向

骯髒、婚前不可以、不能說、女孩要有矜持、女生性經驗很多覺得很髒、可怕、尷尬、要看見男人的生殖器很噁心、看A片的女生很怪、被侵略、不知如何談、緊張、會痛吧、邪惡、怕被貼上色情／淫蕩標籤、只有男人高潮、不爽、義務、被宰制、炫耀、慾望是可怕的、噁心、痛苦、丟臉、不乾淨。

從非正式調查其實可以稍微看出，台灣女性不論性傾向，對於性愛的想像常和不愉快或負面的感受連結在一起，或者性也常和生殖功能連結在一起。但其實，許多社會學和性別研究指出，二十世紀以來，性愛早就和生殖功能逐漸脫離關係。在美國執業超過三十年的親密關係治療師埃絲特・沛瑞爾（Esther Perel）就曾在TED演講中說過：「這是歷史上第一遭，我們想要長久地體驗性愛，並不是因為我們想要十四個孩子，或我們擔心孩子早夭而需要多生育一些，更不是因為女人在婚姻中的義務。這是歷史上第一次，我們心中對歡愉及與他人連結的渴望，促使我們期待長期且活躍的性愛關係。」而在同志愛侶之間的性愛連結，本來就不立基於生殖下一代，而是對於彼此身心的慾望和歡愉的期待。

許多反同人士之所以極力反對同性性行為，正是因為同性間的性愛，是純然為了愉悅而發生的，沒有生殖行為的性愛，對許多保守人士來說實在是太離經叛道了。但仔細想想，現有的異性性關係，如果全都是為了生殖目的存在，我們的人口可能早就超過一百億了（實在是太可怕）。其實許多台灣人都早已在實踐非以生殖為目的的性了，比如說：帶女友人上摩鐵的政治人物、某水果週刊多次報導的中國或東南亞的買春團，或政商界常耳聞的「性招待」等等，但妳是否發現，以上的例子其實都是「男人尋歡」的狀況。為了性愉悅，男人似乎可以理所當然地四處尋找歡樂，但女人為了愉悅或快樂而去尋找性，從古至今我竟遍尋不到詞彙能描述類似的狀況。

許多性學研究早已指出，適度享受性愛過程與性高潮，不但對健康有益，也能紓解壓力，更能增進伴侶之間的親密感，實在是好處多多，不勝枚舉。相對於異性性關係時常和婚姻、生育下一代的期待綁在一起，男男或女女之間的性，就顯得單純了許多。我就不只一次聽聞異性戀女性朋友表示，她的確喜歡做愛，但如果保護措施沒有每次都做好，每每總要擔心「鬧出人命」，孩子在還沒做好準備的狀況下就到來，讓她總是心有罣礙，無法全心投入。因此，大家千萬不要辜負老天爺給我們這樣純然享受性愛愉悅的機會啊！但就算沒有以上的任何好處，我們為什麼不能就單純地喜歡性愛，而不是為了身體健康、不是為了經營關係、不是為了產生下一代，而是因為性愛能讓我們感覺美好，就像吃了一道妳最喜歡的餐點（像我每次吃豬排飯都會充滿幸福！）這麼簡單呢？

性慾加速器／減速器

早期的性學研究領域通常研究重點在於「性的生理功能性」，比如說：如何會性興奮、如何會高潮、高潮時身體的反應、高潮結束後身體的狀態等等，用這些生理反應來判定一個人的性是否「正常」，也成為許多性治療師、性教育學者面對個案的重要判定基礎。直到十幾年後，心理治療學界才又發現「性慾望」的存在與重要性，原因是前述關於性的各個生理階段的治療方法，對「毫無性慾望」的人一點用處都沒有。由此可知，性需要從我們的大腦開啟這趟旅程，才會驅使身體去行動。

根據《性愛好科學》這本書中的研究顯示（雖然此書多數仍是描述順性別異性戀女生的故事，我仍相當推薦妳仔細閱讀以了解性慾是如何構成），性反應有所謂「雙重控制模式」的基本理論，意即性慾的「加速器」與「減速器」，也就是性刺激系統（Sexual Excitation System）與性抑制系統（Sexual Inhibition System）。性刺激系統隨時在掃描個人身處的情境，尋找與性相關的元素，在潛意識中不停運作，在你想追求性愉悅或產生性慾時才會有所感。至於性抑制系統則是神經系統的關閉信號，會掃描任何不該現在產生性興奮的合理原因，比如說可能感染性病、意外懷孕、社會後果或害怕表現不好等風險，以送出中止性慾的訊號。

我使用了《性愛好科學》中的性慾氣質量表，提供給一千七百二十五位女同志填答者在「二〇二一性愛百問」中填寫，有了以下發現：

1. 有五成的人認為，有時候除非一切都讓她滿意，不然很難感到性興奮。

2. 約百分之二十的人認為，感到性興奮時，有時即便只是輕微的干擾也會突然變得無感。
3. 認為必須要完全信任眼前的對象才能感覺到性興奮的填答者，有百分之五十四。
4. 百分之二十八的人認為，如果擔心變興奮或達到高潮的時間太長，會導致她們更難感到性興奮。
5. 有約五成的人，聞到對方的特殊氣味就感到性興奮。
6. 百分之三十二點二的人認為，只要在有別於平時的環境做愛，就會讓她非常性興奮。
7. 多數人在腦海中浮現有性吸引力的對象或幻想性愛過程，就會容易感到性興奮。
8. 超過八成的人，月經週期或特定的荷爾蒙變化會讓她感到性興奮。
9. 有百分之二十六的人，如果對方對她產生性慾，她也會感覺到強烈的性興奮。

如果是性刺激系統敏感的人，對一般人不太會注意到的事情，如氣味或是情境的變化等較為敏感，也較容易因對方的愉悅或興奮而感到快樂。而如果是性抑制系統較敏感的人，會被壓力、疲勞、匆忙的情境高度影響，較難專注在性愛上，或和性刺激源的反應相互抵銷。

調查中顯示，女性確實容易被情境、信任對象與否及壓力影響，平均來說，女性的減速器較男性敏感，也就是說我們的性抑制系統較容易啟動。不過也看得出來，每個人的狀況都有所不同，都有獨一無二的個人差異，沒有一個絕對的答案或樣板是符合所有人的性慾歷程，因此我們需要理解自己真正的特質，才能發展出真正適合自己的性愛。而除了本身的性慾系統之外，作為女同志，我們還得抵抗前段所言的社會所建構出來的「性的負面連結」，才有可能真誠接納自己原本的樣貌。

如果妳想進一步了解自己的性慾系統，可以在安全且安靜的地方，列下三項妳覺得會讓妳感到性興奮的情境或情節，愈詳細愈好，包含對象、情節、氣味、環境、自己和對方的模樣等，也可以列出三項會讓妳性興奮消退的情境或情節，感受和描繪一下自己的慾望樣貌。如果妳願意，可以和信任的伴侶或朋友分享，或許會發現大家大腦中的慾望真的都不一樣。

第二章 玩身體撩情慾

好好

第二章　玩身體撩情慾

如果翻開中華五千年悠久文化的各種刊物，會看到哪些關於女人身體的描述呢？仔細想想，關於身體的似乎不多，「三從四德」、「相夫教子」這類對於女人的既定形象和規訓倒比比皆是。每個女人在我們的歷史中似乎都被化約成一模一樣的模板，比如那些沒有名字的××夫人、○○太太，是溫柔體貼的妻子或孝順、犧牲自我的女兒，當然，這些模板中不可能看見女同志的存在。但事實上，除了異性戀女人之外，這世界還有女同性戀、男同性戀、雙性戀女生以及跨性別——有可能是想改變身體樣貌，但曾擁有生理女性結構的女跨男（也可說是FtM，Female to Male），或是希望調整身體成為女性的男跨女（MtF，Male to Female）。這麼多樣的自我認同，自然也有超級多元有趣的身體樣貌存在光譜中的各個位置，值得大家彼此來好好探索一番。

認識妳的身體，建立大腦和身體的連結

首先，必須一再強調的是，每個人的身體都是獨一無二的，常聽說有許多偏踢的拉子[1]朋友，對女友們的身體如數家珍，卻對自己身體的敏感帶一無所知，實在是太可惜了，這樣真的會錯過太多有趣的遊戲唷！就算妳真的很鐵[2]，不享受也不喜歡被觸碰陰部或進入身體，身體的其他部位依舊有各種程度的敏感帶存在。而**認識身體的第一步，就是「讓大腦跟身體產生連結」**。

曾經有很多偏踢朋友跟我說過，她覺得自己的身體各部位被觸碰都沒有什麼感覺，當然我可以理解每個人的感覺強弱都有差異，但「都沒有什麼感覺」？我當時心裡想：這會不會有點嚴重啊？後來，我有機會跟一些偏跨性別[3]的朋友討論此議題，慢慢發現有一個狀

1 拉子，源自於邱妙津的《鱷魚手記》中的主角綽號，由於主角是個女同志，因此被台灣女同志社群沿用此暱稱，通稱女同志為拉子。

2 鐵，在此意指鐵踢，一般來說在女同志社群中是指不願意被進入或觸摸陰部或陰道的陽剛女同志，通常是性行為中比較主動的一方。但「鐵」有時也是指「非常肯定、不會改變」之意，如：鐵婆，是指非常堅定自己的身分認同，且覺得有極大的可能未來不會改變或流動。

3 台灣早期針對女同性戀的研究中，本身有跨性別慾望的女跨男常常會被放進陽剛女同志（踢）的範疇裡面，例如鄭美里所寫的《女兒圈》。後來隨著性別運動的開展，「跨性別」本身的概念才逐漸被廣泛討論。故，這邊所書寫的「偏跨性別」，所指涉的是在陽剛女同志與女跨男認同中，具有游移未定的認同的人。

況：當非常陽剛、甚至到偏跨性別的女同志朋友對自己的身體形象不甚滿意時，親密接觸所產生的快感，和她／他對於身體的排斥、不安感，其實是很衝突的，所以有些朋友會產生困惑：他／她不那麼喜歡的身體部分，卻會帶給她／他愉悅？加上我們對於女人的身體與情慾的想像都過於狹隘，相信多數人的腦袋裡都不太會有把「陽剛女性」和「慾望」連結在一起的想像，因為我們想到女性情慾時，強烈受到媒體形塑的影響，多數是相當陰柔的、瀰漫著玫瑰花瓣氛圍或是很嫵媚的性感。當許多陽剛女同志在這些想像中找不到自己的位置時，久而久之，為了減少這樣的衝突感所帶給人的不安，有些人大腦和身體的連結也會慢慢斷裂。

當然也有人會逐漸習慣這樣的衝突，可能是因為尋找到了適合自己的情慾劇本，或遇見了能和她一起討論的另一半，或者是在困境中求生存，總之會尋找到一個對自己來說，雖不滿意但稍微能夠接受的平衡心情。但在逐漸調整身體樣貌的過程當中，比如說：做了平胸手術、使用荷爾蒙、做了陰莖切除術、進行陰莖重建術……之後，身體的現實逐漸貼近了她／他對身體的想像和期待，在練習和自己的身體靠近的過程中，自然大腦和身體的關係也會逐漸靠近。

有些女同志從小為了要抗拒這個社會加諸在我們身上的女性期待，比如說：溫柔、婉約、漂亮、有曲線、大胸細腰翹屁股等等的身體束縛，也時常跟自己的身體在奮戰，或不那麼喜歡自己原本的身體，因為女性的身體背後可能就代表了「男人可以隨意評論」、「弱者」或「應該要性感」等想像，所以我們也逐漸切斷了和我們身體的關聯，不想被那些沙豬或父權的想法影響。

整個父權社會其實在我們還不懂事的時候，就幫我們立下了許多對於女性身體的框架，比如說：女人的身體不可以被亂碰（但如果在適合的狀況下我想被碰呢？）、不夠瘦的女人就是不夠努力愛自己（但如果我就喜歡自己豐腴的身材呢？）、男人跟妳開性玩笑是看得起妳（但如果讓我很不舒服呢？）、女人會被騷擾或性侵害都是自己不檢點（但男人為什麼不管好自己的腦袋和身體呢？）……族繁不及備載，我們從沒有被鼓勵正向地看待自己的身體，也沒有被社會或環境全然接納我們的樣子，自然為了避免許多不愉快感受的產生，我們會傾向不要去感覺那些令人不舒服的感受。

但美國休士頓大學社工學院的布芮尼・布朗（Brené Brown）博士曾發表研究指出，感覺和神經都是連動的，我們不可能只隔離悲傷而保留快樂，也不可能只維持堅強而忽略脆弱。身體內外都是連動的，所以當然也不可能只隔離陰部或胸部的感覺，而只讓其他身體部位的感覺存在。所以，「建立大腦和身體的連結」是非常重要的第一步。

接下來，我們就要開始來一步步認識身體囉！

好好

沒有完美，只有特別

「每個女人的身體都是特別的。」不管其他人是否曾討論或評論過妳的身體，妳都要有這樣的信念。首先，每個人覺得舒服的身體形象都不一樣，妳可以先閉上眼開始回想，自己是否曾在某些時刻特別喜歡自己的模樣呢？有的人可能是喜歡自己穿著帥氣、有著直率的線條，也有些人喜歡自己身體的曲線、渾圓的胸部，雖然「喜歡」這件事情，加乘上傳統社會對女性的某種期待和想像，或家長、伴侶的期許，常常我們會沒有辦法坦然接受自己的感受，但慢慢地去尋找，依舊可以釐清自己的喜好。

我曾與一位偏踢的朋友B聊天，她在與現任女友交往之前，都是留著長髮，身穿有著女性化曲線的襯衫，當然也會穿胸罩。從小她的父母就不喜歡她穿過於中性的衣服，總是忽視她的購衣需求；小時候在學校也曾被老師訓斥，女生要有女生的樣子。長大後，她的初戀女友也比較喜歡她陰柔的外表，初戀女友覺得兩個陰柔的女子交往才是她心目中的「女同志」，而B從未發現自己總是迴避看見鏡子中的自己。一直到和現任女友交往，B受到女友鼓勵，嘗試剪短頭髮，穿上運動內衣和線條俐落的小版男裝襯衫，她才第一次覺得自在，也慢慢願意照鏡子看看自己的模樣。二十幾年來她第一次發現，原來自己也可以自然地抬頭挺胸走在街上，甚至會不停回頭看路邊櫥窗中倒映的自己，簡直就是和過去的心情天差地遠。

我自己也有一個親身經歷，青少年時期我在女校長大，有許多帥氣的踢同學環繞在身邊，當時我正在建立自己的女同志認同，但我對女同志的認識卻僅止於那些帥氣的踢同學。記得一次我和一位踢同學聊天，討論到我覺得自己喜歡女生，她便問了我兩個問題：「妳會不會討厭穿裙子？」以及「妳會不會想要剪短頭髮？」我想了想，兩個問題我都覺得還好，裙子雖不喜歡但還可接受，頭髮長短我都覺得挺好的。那次討論的結果，我的踢同學幫我判定：「妳不是女同志，暫時不需要擔心！」但我又很清楚地感覺到自己對女生的感情，所以後來我「痛定思痛」，狠心把頭髮剃成平頭，去買運動內衣穿，平常在學校也盡量穿運動短褲，希望能成為一個「真正的女同志」。

現在回想起來當然覺得啼笑皆非，但也看見我們在青少年成長過程中，多麼地缺乏資源與能夠認同的角色，同時發現我們總是習慣先幫自己貼上標籤，而不是聆聽自己內心的聲音。因此，有時我們需要一些天時、地利、人和的機會來更了解自己，而在這過程中，請妳要盡量去感覺自己內心的想法和感受。

當然，不論妳多麼喜歡現在的自己，一定還是有不滿意的地方，有些人覺得自己胸部太大／太小，腰身太粗／太細，屁股太大／太扁，雙腿太壯／太細，但這都是妳的身體，記得常常照顧自己的身體，學習接受身體的自然狀態。不過，我對於使用外在技術打造身體形象還是偏向贊成的，尤其如果是自我認同比較偏向跨性別的朋友，減肥或增胖並沒辦法全然改變你的性徵，這時人工技術的幫忙就不失為一個可選擇的方法，它可以讓妳擁有妳／你喜歡的身體，進而更貼近妳／你期待的性別氣質。

我有一位偏踢的好友幾年前做了平胸手術，她後來和我說，其實早在近十五年前的大學時期，她就很想做平胸手術了，但被家人說服而暫緩。直到她自己經濟能夠負擔，她為自己做了這個決定。手術完成之後她真的看起來比過去開心很多，但她並不認為自己有跨性別的認同，還是常常顯露出自己的陰柔特質，也依舊有強烈的女同志認同。聽完她分享的故事後，回頭想想我自己，也讓我對於和自己身體的相處，多了一些坦然和接納。

當然，許多醫療資源的使用（例如：施打荷爾蒙、平胸手術、變性手術／性別重置手術等），其在身體上帶來的變化是不可逆的（例如聲音變化），建議當事人多方參考不同的經驗，聆聽不同專業人士的建議與看法，提供自己更多不同的選項。目前台灣對於跨性別更換身分證依然有必須進行變性手術的規範，但改變性別的手術也同時會造成當事人生育能力的終止，所以建議多多諮詢相關團體的意見。

每天停看摸

認識身體最簡單的方法，就是每天洗澡時花一點點時間和自己的身體熟悉認識一番。脫了衣服準備進去浴室之前，先在鏡子前停留幾分鐘，好好端倪自己的身體一會兒，就算你覺得很害羞，或是有些彆扭，也可以趁四下無人的時候，大膽地好好研究一下自己的身體。這時候就別再嫌棄自己了，試著感謝身體每天為妳辛勞工作，也趁此時認真地觀察自己吧！

你的肩膀是斜斜的，或者是有圓圓的弧度呢？胸部是水滴型、饅頭型或者是小巧可愛的呢（圖2-1，見下頁）？乳暈是占胸部比較大的比例，或者是比較小呢？那乳頭呢？是大是小，突出或是凹陷？喜歡被觸摸，還是會覺得太敏感？

我當然知道有許多女同志伴侶會一同沐浴，可能也會趁機多了解對方的身體，或是享受一段親密的時間，但你總是會抹肥皂在自己身上吧？趁這時感覺一下自己的胸部形狀，低頭看看，你喜歡今天「她們」的狀態嗎？手向下滑到腰間或臀部的曲線，也順便感受一下自己喜歡怎麼樣的力道從身上滑過；當然也要撫摸兼按摩一下辛苦的雙腿，大多數人工作或學習一整天，難免雙腿有些浮腫，這時也是一個讓自己放鬆的好機會。最後，當然不能忘記認真、仔細地清洗陰部，不管是否要為稍等的性愛過程做準備，單純放鬆一下被底褲

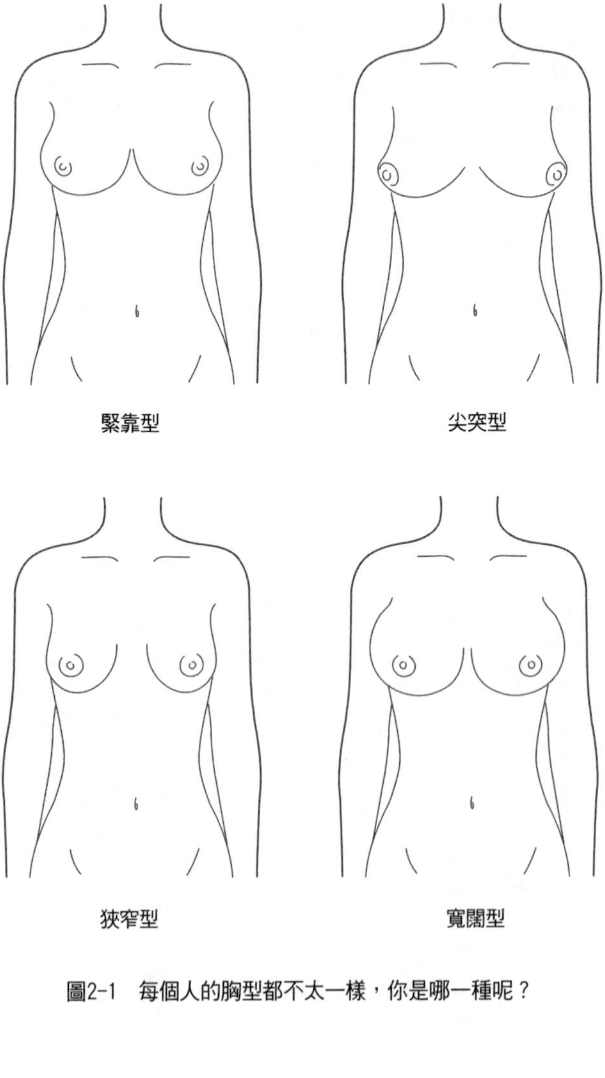

圖2-1　每個人的胸型都不太一樣，你是哪一種呢？

或褲子壓迫一天的私密部位也是相當重要的，順便感覺一下自己最喜歡怎麼樣的撫摸方式和力道，很多人都說女同志性愛的重頭戲通常從洗澡就開始了呢（通常前戲是吃飯或喝咖啡就開始啦，哈哈）！每天都要記得停下忙碌的生活步調一會兒，在洗澡前後好好看看自己的身體模樣，再趁洗澡或澡後抹乳液或保養品時感覺一下自己的肌膚觸感。除了透過每天的停看摸，我們還需要另一個重要的工具——鏡子，好認識一下自己和伴侶／床伴／女友（反正就是另一個人啦）的陰部。

取悅妳的身體

根據台灣同志諮詢熱線協會於民國一百年所進行的「拉子性愛百問」調查，在兩千一百九十九份有效問卷中，我們可以看到第一次女女性行為發生時間有世代差異（表1，見下頁）：當時三十歲以下的族群，第一次女女性行為時間多發生在高中及大學時期（高中百分之三十九、大學時期百分之四十一）；三十歲以上的族群，第一次女女性行為時間則多為大學時期及大學畢業後（大學時期百分之三十一、大學畢業後百分之三十六）。第一次性行為的時間有逐漸提早的趨勢，可能是因為社會氛圍逐漸開放，青少年對於自己的身體與情慾漸漸能夠及早接受，也因為資訊傳遞爆炸性的發展快速，青少年

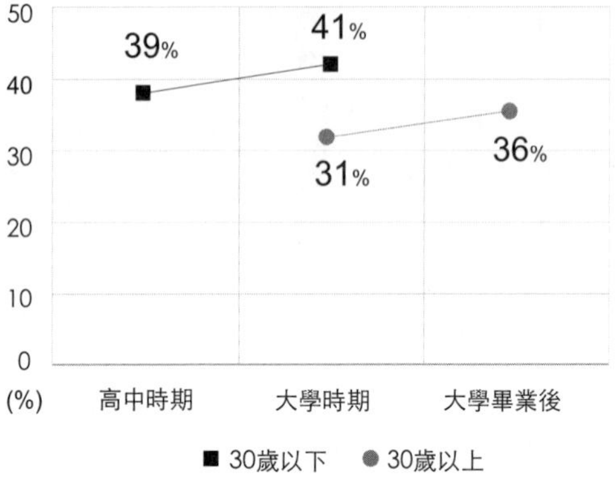

表1　2011年台灣女同志第一次女女性行為發生時間的世代差異

在認同過程中有愈來愈多資源，便會愈來愈早開始思考自己到底是個「怎麼樣的人」。因此，性教育真的不能等呀！

另外，關於每個填答者對於了解自己身體形象的經驗則是：約百分之二十三的人從沒在鏡子前看過自己的身體，也有百分之二十的人從沒有看過自己的陰部。

十年後的民國一一〇年，再次進行的「二〇二一拉子性愛百問」調查中，一千七百二十五份的有效問卷中，我們可以看到「已有女女性經驗」的人數為一千五百六十四名（超過九成）。其中小於二十歲的組別中，有百分之十八的人初次女女性行為發生在國中時期，多數的朋友（百分之六十一）則發生在十六到十八歲之間；而在其他年齡組別中，初次性行為發生在十三到十五歲間的比例都小於百分之十，顯見對同性情慾的

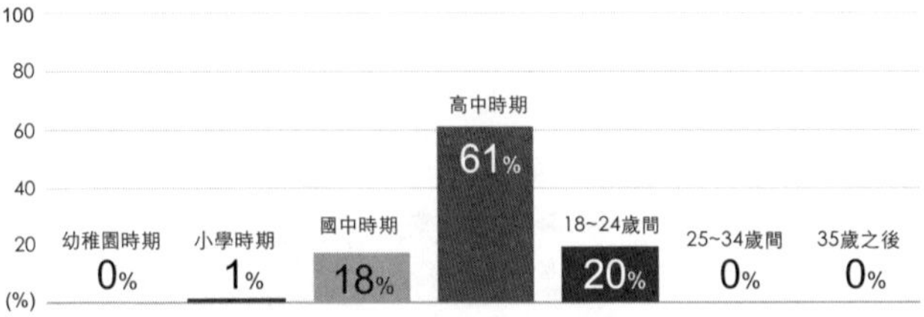

表2　2021年20歲以下女同志第一次女女性行為發生時間

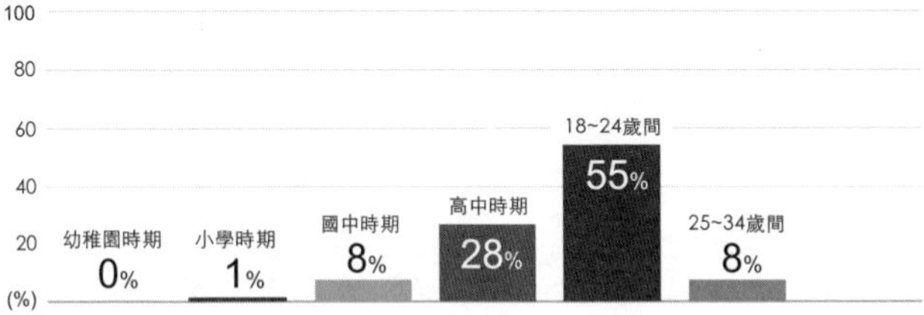

表3　2021年20～29歲女同志第一次女女性行為發生時間

探索或第一次的同性性行為發生的年紀確實有下降的趨勢（表2～表5）。

在不同年齡區間，多數人不論現在多大年紀，雖在十八到二十四歲間大多已有過第一次的女女性行為，但也有四十歲以上組別的人表示，自己是在三十五歲後才發生第一次女女性行為（百分之十）。由此可見，對於自身同性情慾的理解，過去或許因為資源不多或環境不友善，或是每個人際遇上的不同，有不少人是到三十五歲以後才開始自己的同性情慾探索。至於對自己身體的了解，從未在鏡子前看過自己身體的人，和十年前相同的是有百分之二十三，沒有看過自己陰部的人則下降至百分之十七。

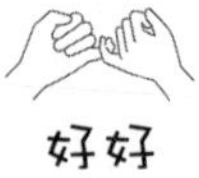

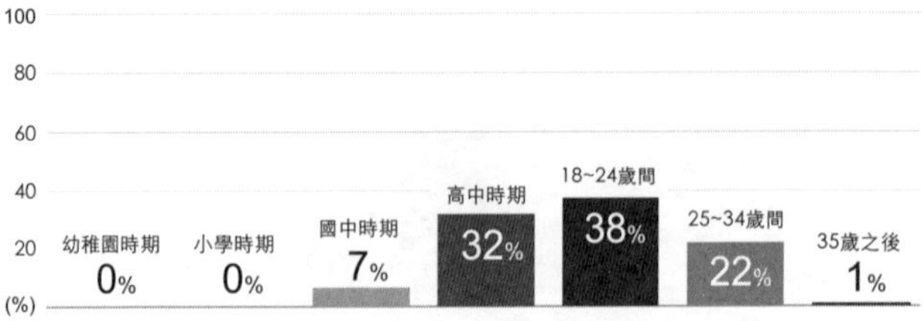

表4　2021年30～39歲女同志第一次女女性行為發生時間

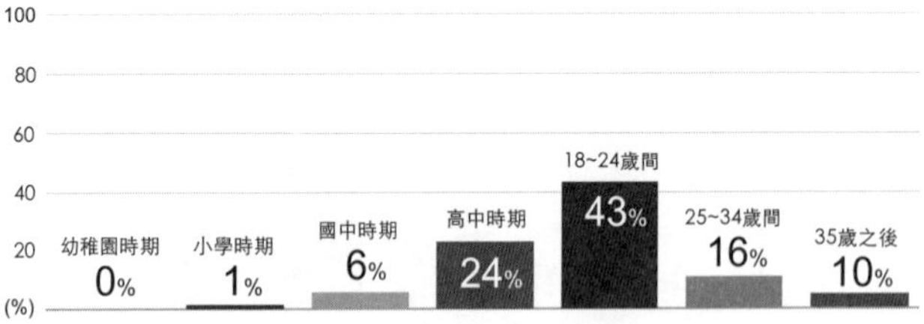

表5　2021年40歲以上女同志第一次女女性行為發生時間

今日科學已經證實，男性陰莖和女性的陰蒂組成構造是一樣的，神經末梢的分布非常密集。當我們在媽媽的肚子裡時，前六週每個人的生殖器都相同，之後才會各自發展為陰莖或是陰蒂。而和陰莖在成熟後功能不同的是，陰蒂唯一的功能就是性興奮。陰蒂除了外顯的部分，其餘會延伸到體內的勃起組織，一路延伸至陰道口；每個人的陰蒂長相都不同，大小也都各有異，這是專屬於妳／你獨特的身體的一部分。我們的陰部被文化和歷史掩蓋得太久，各國文化中，也都存在著「陰部＝羞恥」這樣的錯誤觀念，男人因為外顯的突出的陰莖，被社會形塑成陽具為尊的概念，屬相同組織構造的陰蒂，卻長期被忽視。

許多女性一輩子從未看過自己的陰蒂樣貌，更不清楚如何適當地撫摸她，現在就一起練習取悅、認識自己的身體吧！

1. 首先，找個合適的時間和地點，千萬別在媽媽要大聲叫你去吃飯之前，也不要在同房的宿舍室友快回來的時間，雖然有時候這樣是很刺激啦，但一開始我們總是希望事情順順利利地進行嘛！選個隔天不需要早起，也不會有人打擾的空間，洗好澡後（記得要像上一段落所說的，溫柔地幫身體沖洗和按摩喔）拿面鏡子，把枕頭放在妳和床頭或牆壁的中間，這樣可以讓你的肩頸和背部比較輕鬆沒有壓力。

2. 接下來把雙腳打開，鏡子放在雙腳中間，調整鏡子的位置，讓妳不用扭斷脖子也可以看清楚陰部的模樣。如果沒有鏡子，也不想買一個，智慧型手機的前鏡頭也可以達到相同的功效，但要注意不要不小心拍了照，無意間傳出去呀（圖2-2）。

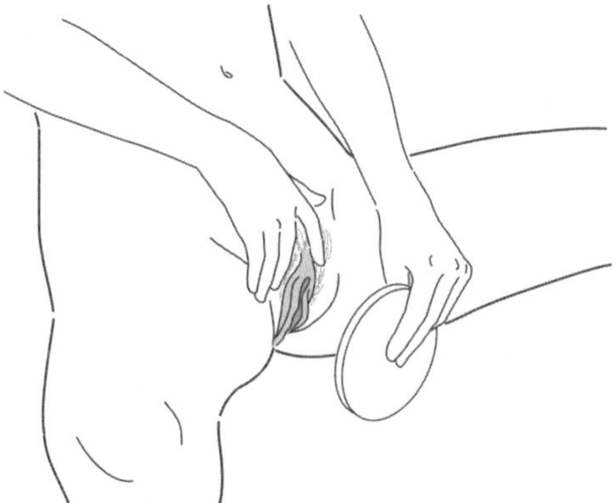

圖2-2　利用鏡子就能好好觀看自己的身體

3.現在妳終於第一次和妳的陰部相見了，深吸一口氣，用妳沒拿鏡子的另一隻手，輕輕把兩塊保護敏感陰部的大陰唇撥開。通常女生逐漸開始性興奮時，大陰唇會慢慢充血微微張開，但如果沒有，有些人的大陰唇會緊閉在一起，要用手把她輕輕撥開，才會看到裡面的構造。有些人可能小陰唇會長得稍微出來一些，有時會突出於大陰唇之外，但一樣也是輕輕撥開就可以看到裡面的構造（圖2-3）。

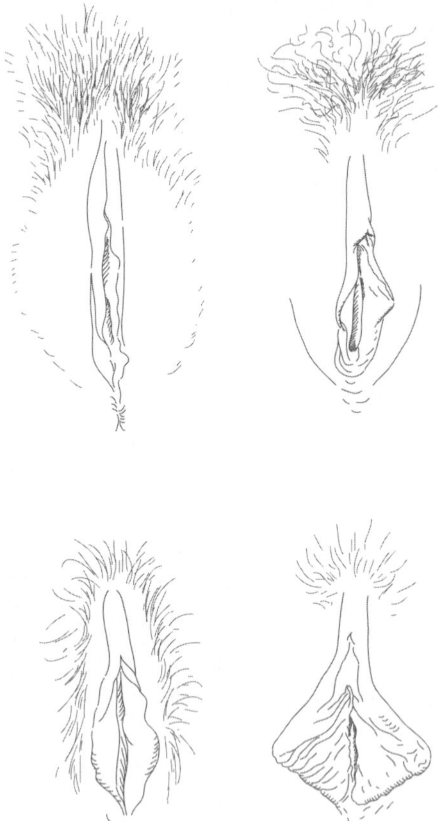

圖 2-3　每個女人的陰部都是獨一無二的

4. 打開之後，妳可能會看到以下的「內裝」，不管長什麼樣子，首先還是得搞清楚，基本上會有兩片小陰唇包裹住裡面的器官，由上往下會是：陰蒂↓尿道↓陰道↓會陰。在兩片小陰唇的上方交會處妳會發現陰蒂的存在，她的組織結構是和陰莖相同的海綿體，因此性興奮時會充血膨大，變得非常敏感。其實平常就會滿敏感的，如果用手乾乾地去觸摸她通常會不太舒服，有些人也不太喜歡在非性興奮的時候被觸摸到陰蒂。比較敏感的人，如果想撫摸陰蒂，一開始可以先將手掌輕靠在大陰唇外，稍微施加一點力道撫摸，就不會直接刺激到陰蒂本身囉（圖2-4）！

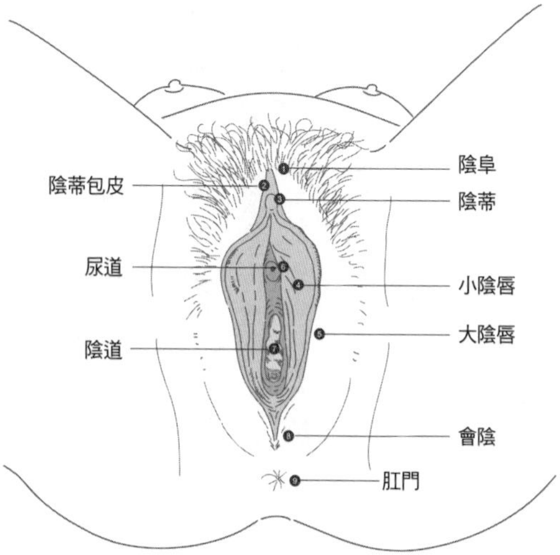

圖 2-4　女性陰部構造

5. 接著從陰蒂往下，會看到非常小的一個孔，那是尿道，再來就是一個有點往內縮的洞，那就是陰道啦。接下來就是會陰，是通常生產時醫師會剪開以擴大產道，讓胎兒順利誕生的部分，最後在會陰下面就會看到肛門啦。認識這個順序的重要性，在於理解為什麼我們從小被教導尿尿後要從中間往前擦，大便後則要把手往後伸，由中間往後擦，就是因為要維持陰道的健康，避免尿液或糞便中的細菌趁機跑到陰道內，破壞陰道的酸鹼值。所以，知道順序相當有助於平日的保健工作唷！

6. 觀察過外觀之後，妳可以試著把手指頭深入陰道，探索一下內部的感覺和構造，如果有些乾燥導致的疼痛，可酌量使用水性潤滑液。妳會發現，陰道壁周圍有許多不同大小寬度的皺褶，每個人的形狀長短都不太相同，陰道也並非直直的，通常會有些弧度，而弧度也是因人而異的。通常在沒有性興奮的時候，陰道壁彼此會靠得很近，甚至會貼合起來，所以如果在還沒有準備好的時候進入，是一件非常粗魯且疼痛的事情，千萬要避免這樣的狀況產生。

7. 除了陰部之外，妳也可以觸摸看看會陰和肛門口周遭，有些人的這兩個部位也會非常敏感。雖然有些朋友對於肛門會覺得比較羞愧，或是覺得不那麼乾淨，其實肛門也是身體的一個部分，了解一下自己身體的各處感受不也是滿好的嗎？但要注意，如果觸摸了肛門口，要記得洗手才能再回來觸碰陰道內部，以避免將不同的細菌種類帶到陰道導致生病。

自愛進行式

認識陰部的重要構造之後，我們要開始來好好寵愛自己囉。

妳可以**把燈光調到喜歡的亮度，放輕鬆躺在床上**。如果有室友的話記得把門鎖上喔。先選擇身體的任何一個部位，輕輕地撫摸自己，感覺一下妳喜歡怎樣的觸摸和力道，如果經過某處感覺酥麻，停下來稍微用力一些，或變換一下撫摸的方式，可能會有新發現喔！

雙手遊走到胸部時，如果妳喜歡，可以輕柔地沿著乳暈走個幾圈，再將手跳躍到乳頭輕輕搓揉。通常大家都會覺得乳頭是女性重要的敏感帶，然後就主力強攻，以為可以很快地攻下城池，但其實每個人的感受不同，如果妳不喜歡胸部的觸碰也可以跳過這個部分。有些人非常敏感，不喜歡胸部馬上被強力主攻，所以在探索自己身體時，就可以好好感覺一下自己的喜好了。

之後，妳的雙手可以沿著身體向下走，尋找自己的敏感帶。這時如果想輕吟，就放鬆地發出聲音吧，這是只有妳和妳自己的空間，此時不吟更待何時呢？在摸索身體的同時，千萬別忘記妳的雙腿，有些人大腿的內外側或腳背、腳趾都別有感受，也有些人喜歡膝蓋或膝蓋後面的輕微酥麻感，這都得靠妳自己親身探索體驗。

這時候如果你準備好了，可以**用手掌輕罩住陰部，輕輕或稍微施加一點壓力畫圓撫動**，或許妳會感覺到陰道內部有些微液體湧出的感覺。女生興奮時通常會分泌液體，潤滑陰道也保護陰道壁的安全；有些人天生比較容易濕潤，也有些人很容易乾，適時補充水性潤滑液可以讓性愛的過程更加地順利，畢竟誰喜歡乾乾地摩擦，然後疼痛地叫停呢？

接下來，妳可以**試著把大陰唇打開，觸碰看看陰蒂**。這時可能陰蒂已經些微充血，跟妳剛才純做田野觀察的模樣已經不同了。善用靈活的手指頭，可以自由選擇用幾隻手指頭，在陰蒂上輕點或畫圓，時而用力可以觸碰到恥骨，時而輕柔地撫摸皮膚，選擇自己喜歡的感受。如果沒有辦法進入狀況或放鬆，可以喝一點酒，或者在腦袋中想著自己喜歡的性幻想對象，或回想自己曾經有過的美好性經驗，通常可以幫助妳比較快進入狀況。

如果手痠了，或姿勢讓妳無法持久，**使用情趣玩具有時也是不錯的方式。如果妳覺得乾乾的摩擦起來不太舒服，也可以前往陰道口沾一些陰道分泌的愛液，或使用潤滑液輔助**。記住，濕滑永遠不嫌少啊！這時就可以逐漸加快手的速度，不論是左右、前後滑動，或是畫圓圈。通常陰蒂高潮需要比較穩定的刺激，快要到達高潮的時候，需要比之前再強烈一些的刺激，妳可以自己感受身體的節奏和需求，尋找讓自己更加舒服的方式。

如果覺得陰道已經滿濕潤了，可以試著把手指頭慢慢地放進陰道。通常因為姿勢的關係，中指會比較深入，但也有些人比較喜歡摩擦陰道口的一個指節處，G點[4]也在那附近，大家可以自由選擇。記得，陰道不是筆直的，而是傾斜地往上。順著陰道壁妳可以感覺到陰道的曲線（圖2-5，見下頁），因為手指頭長度和姿勢的限制，我們並不會觸碰到子宮頸開口，當陰道適應了手指的存在，就可以嘗試看看來回滑動或者是在裡面畫圈，用手指刺激陰道壁。通常陰道會因為刺激變得更加濕潤，如果妳覺得狀況允許，也可再放入第二隻手指，或轉變姿勢，去感受在站立、坐下或是趴下的姿勢中，身體的感覺和需求。在觸摸陰蒂或進入陰道的過程中，另一隻空下來的手可以一邊撫摸妳所喜歡的身體敏感帶，可以有更加多重的舒服感受喔！

這時，妳可能結束了高潮，或者是還想再多玩一些，不管怎樣，結束之後還是要去沖洗一下陰部，擦拭乾淨，尿個尿，讓身體舒爽乾燥地入眠。

4 G點（G-spot）是女性陰道前壁周圍的區域，據研究指出她是女性的敏感部位，當受到刺激時，能引發高度的性興奮或性高潮。但對於G點是否存在，仍然有許多意見分歧。

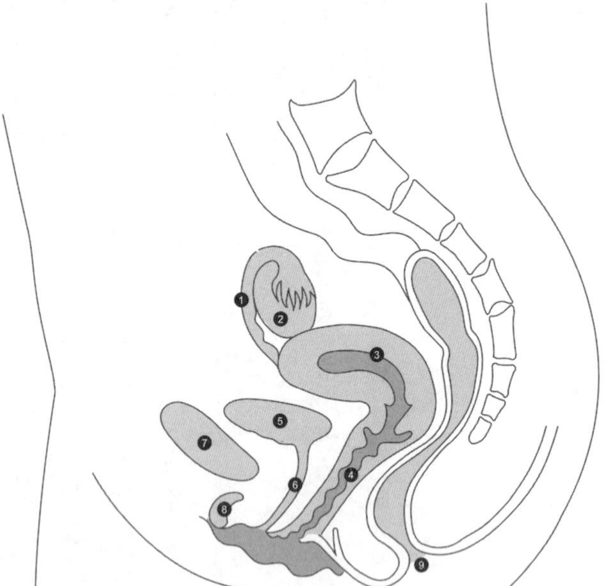

1. 輸卵管 2. 卵巢 3. 子宮 4. 陰道 5. 膀胱
6. 尿道 7. 恥骨 8. 陰蒂 9. 肛門

圖2-5 陰道沿著曲線傾斜往上

從練習來翻轉內在的負面想法

如果妳從小就對自己的身體感到羞恥、不安、沒有自信，或是覺得自己很奇怪，我知道不是看完這本書，或是我說幾句「妳很棒」、「妳是個美好的存在」就能夠改變的。社會、家庭或學校長期以來建立在我們腦袋中的自我批判負面連結，確實無法說斷就斷，但如果妳希望、也準備好要改變這個現狀，我建議妳可以採取以下幾個行動：

1. 依照之前所寫的，拿一面小鏡子觀察自己的陰部，仔細觀察之外，也可以動手寫下你所看到的一切，寫下你喜歡的、覺得舒服的，還有你的其他感受。或許妳會出現不少偏向負面的想法，嘗試把專注力放在你喜歡的部分。
2. 如果你有能討論如此親密心事的朋友，嘗試與對方分享，狀況允許的話，也請對方做一樣的練習。妳也可以選擇參加女性或同志情慾探索相關團體，或尋找心理師來進行分享。腦袋裡的想法，如果經歷訴說，會一次次地重新烙印在腦袋裡，次數與頻率愈高，改變認知的效果據稱會愈大。
3. 如果妳有伴侶或是能夠信任的上床對象，可邀請對方仔細觀察自己的陰部。在觀察的過程中，妳可能會感到緊張、不安、不好意思、不自在，請深呼吸一口氣，請對方用不帶評價的、正面的方式描述她所看到的一切；妳也可以和她分享妳對於陰部的困擾，再請她分享她所看到的眼中的妳。結束之後，可以彼此擁抱愛撫，不一定要進行全套的性行為，重點是建立彼此的親密信任空間。

第三章 女女愛解放

第三章　女女愛解放

高中的時候我念女校，記得某次護理課，護理老師帶了一個假陽具教同學怎麼幫未來老公戴保險套，當時我雖然有喜歡的女生，但還沒有開始意識到自己就是個女同志，只覺得對這堂課沒有什麼興趣（現在想來才知道，身體其實很誠實，對沒興趣的事情就真的提不起勁來）。但印象很深刻的是，有個班上比較活潑的同學舉手問老師：「老師，那女生跟女生要怎麼做？」霎時間只看到老師一臉尷尬地把球丟回來給同學們：「那個……有同學知道嗎？」後來，有位同學舉手說她願意示範，班上的小女生們一陣轟動，同學就跑上台說：「女生就是用手啊！所以要剪指甲。」接著就伸出了兩隻指頭作勢前後移動，班上再次一陣譁然。

這件事情讓當時深感無趣又快睡著的我突然就興致盎然了起來，雖然幾年後知道那位同學並不是女同志，也沒去問為什麼她當時如此勇敢地回答了這個問題（可能也沒人記得，只有我叨叨念念地記得這段畫面），但由此可知，對於女女之間的性愛關係，從小到大我們所能獲得的資源可說是少之又少（連護理老師都一頭霧水啊）。

女同志如何學習性知識？

女女性關係對很多人來說非常不熟悉，更別說是針對女同志量身設計的保健知識，甚至許多人也不太清楚女同志之間的性行為該怎麼進行。我去演講時，每每提到同志性行為，大家想到的多數都是男男之間的性行為，並且著重在肛交（一、零的進入關係）的部分，對於男同志其他的性行為模式想像非常少，更別說對女同志的想像了，大概多數人都覺得女同志之間不需要性愛，也沒有慾望吧。因此，在認同階段的女同志，常常在黑暗中摸索又不得其門而入，甚至有許多青少女因為擔憂自己的同志身分不被接受，或缺少年長的角色典範來學習，而對自己產生的慾望有極大的罪惡感或羞恥感，影響其未來的親密關係甚鉅。

根據前文提到的「二〇二一拉子性愛百問」調查中顯示，在一千七百二十五份有效問卷中，將近百分之七十五點八的受訪者說她們的性知識來自於與伴侶切磋的「伴侶之間實戰經驗」，從做中學的比例最高；第二高的管道是社群網路（如：Facebook、Instagram），也就是非正式的資源管道，必須自己努力去尋找，並且這類資源可能要稍微受過教育或有能力使用網路的人才有能力觸及（還不一定找得到或可能找到錯誤的訊息，哭哭）。

和十年前的調查相比，二〇二一年的女同志們表示有透過朋友交流、交友軟體和網路部落格等管道得到性知識，其中有少數的兩位填答者說在學校有上過相關性教育的課程。在統計中，相較於十年前有三百位（百分之十三）的朋友對於「要怎麼和女生做愛」這件事情希望能更加了解，在十年後的今天，選填此選項的人稍微減少至一百二十三位（百分之七點三），而多數的人則希望能學習「各種性交方式和性技巧」以及「如何讓性愛更有趣」，顯示在今日資訊如此流通的狀況之下，女女多元性愛的資源仍相當有侷限性。

其實不論是口耳相傳或是伴侶之間相互切磋，當然都對女同志們很有幫助，但通常還是停留在私領域的階段，我們極少極少在公開或公共的平台討論女同志的性、身體與情慾。以早期許多人的啟蒙來源BBS來說，最受歡迎的PTT上，異性戀討論性的版面大概有Sex和Female-sex版，分別有不同屬性的群眾關注，且文章量相當大。Sex版多數是異性戀男性版友，而Female-sex版則以異性戀女性在意的話題為主，如：怎麼避孕、性愛技巧分享討論、怎麼勾引男朋友／老公、月經相關議題、對性或性伴侶的相關疑問等。但回到PTT的同志Sex版來觀察，絕大多數的文章都是和男同志相關，女同志的討論也是少之又少，如果去Lesbian版看，多數文章也是在討論關係或情感層面，與性相關的常常是分享經驗，但也相當侷限，一夜情、尋找性伴侶、情慾想像或多重／開放關係的討論幾乎沒有。

而今日很常為二十世代朋友所使用的Dcard，上面的討論雖然個人分享的文章比過去豐富，但有時可能會傳遞出不正確的保健資訊，或者多數是個人層次的分享，也仍沒有系統性的訊息。

此外，在異性戀社群中很常成為性知識來源的A片（雖然當中的知識很多都是錯誤的），在「二〇二一拉子性愛百問」的調查中，相較於十年前有超過百分之六十的女同志覺得「普通，沒有很大興趣」，二〇二一年的調查改變成有百分之四十九點四的填答者說「普通，沒有很大興趣」，百分之四十七點四的人說「喜歡看」，但依然有少數的女同志完全沒有看過。這樣的差異可能來自於這十年來的情慾資源增加，有更多元的A片形態出現，也有可能女人們對提升自身的情慾表現更能接受。

有百分之二十二的受訪者在看一般A片時「有時投射男生角色（進入者），有時投射女生角色（被進入者）」，百分之二十三會「投射女生角色（被進入者）」，百分之二十三會「投射男生角色（進入者）」，另有約百分之二十二是「不會投射自己進入任何角色」

（表6）。由於女女情慾資源的缺乏，市面上所謂的女女A片多數的預設觀眾其實是異性戀（尤其是異性戀男性），因此和實際上的女女情慾經驗往往相差甚遠；甚至有許多所謂標榜「Lesbians」的女同志情慾影片，最後仍會出現男優的角色，以符合男性對（虛假的）女同志的性幻想，不但削弱女女的情慾能量，也暗示女女的同性性行為似乎仍有「不足」，自然較不會成為女同志們的選擇。而這類情慾影片中所呈現出來的女女性愛，和現實女同志們會在床上短兵相接的狀況，更是差異甚遠，完全沒辦法成為參考依據。

所以，女女愛到底怎麼做？

首先，**女生和女生之間的性愛關係，其實多數是較為平等的權力關係呈現**，雖然多數時候也會有一個

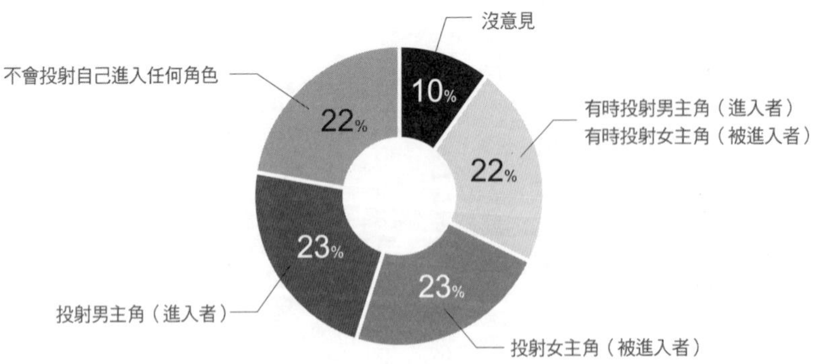

表6 台灣女同志看一般A片的角色投射

較主動開啟戰局的角色，另一個則是較為被動的角色，但有趣的是，**這主、被動的關係並不一定全然等於進入者和被進入者的關係，且時常是可以互換的**，並非僵硬地主動永遠都只能主動、被動只能被動，或主動的就一定是進入者、被動的一定是被進入者，彈性很多也很大，端看每個人的喜好與需求而定。

再來，要破除的另外兩個迷思是：「性愛一定需要進入陰道」以及「女女性愛因缺乏陰莖故一定需要輔助用品」的這兩個刻板印象，從現在開始，快跟我們一起停止將陰道神聖化或骯髒化吧。

陰道，其實就是我們身體的一個部分，的確許多人可以從中獲得性愛的快感，但人類的快感來源可多著呢。事實上關於做愛的定義，在二〇二一年的調查中我們得知，有將近百分之四十九點六的女同志認為「只要個人覺得算就算」，有趣的是在十年前，有百分之十一點九的人覺得「只要有觸碰到陰部就算」，但此選項在十年後比例增加至百分之二十點九；而十年前有百分之二十一點五的人覺得「要有插入才能算」，十年後則降低至百分之十三點二。顯示出過去女同志社群對性行為的想像可能仍被異性戀的傳統性行為所影響，認為要插入才算做愛，但時代的演進讓大家對性都有更多元的劇本或想像，也造成此數據的改變。

從統計數字我們可以發現，真的大家的認知都可能不一樣。在調查中我們也發現，十年

前有百分之六十的女同志沒有使用過任何一種性玩具，新版問卷則顯示已經有百分之六十的女同志有使用過性玩具了。身體和雙手其實排列組合起來，可以產生很多變化和不同的發展，加上玩具的輔助，性行為可能比妳原本所想的寬廣許多喔！

自己的性愛腳本，要靠自己發揮創意來定義和發掘。現在開始，先嘗試將焦點從陰道和陰蒂移開，去試探和感覺妳身體的各個部位，耳朵、鎖骨、側腰、大腿內側、腳背、腳趾頭等處，對於撫摸、吸吮、啃咬、吹氣、唇輕磨蹭等反應為何。也想想看對於觸碰對方的身體各部位，妳會有什麼樣的感覺，是下腹搔癢？胸口一緊？還是血液衝腦呢？還是不太舒服想把對方推開呢？每個人的身體情慾地圖再加上工具的輔助，可是有百百種組合模式等待妳去開發呢！

看見慾望，感受慾望，接受慾望

說出慾望有時對華人女性來說是一件很困難的事情，回想一下我們的成長歷程，曾經見過任何女性長輩表達自己的情慾，眾人習以為常或是開心接受的嗎？沒有！甚至，如果女性大膽地討論情慾、自己的身體，或表現出性自主的模樣，媒體獵殺女巫、網路人肉搜索的情況比比皆是，眾人不但會有許多莫名其妙的道德判斷，甚至會有許多非常不尊重的暴力言論出現。如果有個女人受訪時說她喜歡和不同類型的性伴侶做愛，網路新聞下一定會有很多男人寫「蕩婦」、「這個我可以」、「很髒」之類的攻擊性用語。

很多人以為台灣性別已經很平等、女性已經有足夠空間表達自我，但提及影響我們生活與自我觀感非常強烈的性與情慾，卻依然一點空間也沒有。許多人也似乎分辨不清楚，情慾自主的重點就在於「自主」：我要或不要做愛、和誰做愛、在哪裡做愛，都是「我」的選擇，而非他人強加在我身上的壓迫或限制。

因此，首先**我們必須花一些時間，練習看見自己的慾望，感受自己的慾望，釐清自己的想要和不想要，然後學習接受自己的慾望**。

慾望的產生沒有對或錯，沒有比較好的慾望或比較不好的慾望。慾望的產生是很自然的，從沒有人教我們要怎麼產生慾望，也沒有人告訴我們要怎麼產生感覺，我們一向都只有被教導如何壓抑或忽略慾望與感受，但之所以能夠去壓抑一個東西，也是因為這個東西已然存在，才有被壓抑的對象。試著誠實面對自己，也試著對別人誠實，縱使有些部分的妳和主流社會格格不入，那又如何？

有些研究顯示，很小的女童有時在洗澡便會同時撫摸自己的陰蒂自慰，或使用蓮蓬頭衝擊刺激陰部，這些狀況其實都代表我們的身體會尋找讓自己舒服的方式，這並沒有任何錯，而是老天爺所賦予我們很美好的本能禮物。

如果妳已經有過一些情慾經驗，不管是和自己或是和其他人，試著在安靜又安全的地方回想一下妳在過程中的感覺，哪些是妳喜歡的，又有哪些是妳不喜歡的？想想原因，也可以再回想一下，妳從小到大在哪些狀態下，會感覺到自己的身體好像產生了一些變化。如果妳還沒有任何的情慾經驗，也可以用自己曾經自慰、有性幻想或產生情慾感受的經驗來做回想。

如果妳願意，可以把那些感覺或狀況寫下來，書寫通常可以協助我們釐清思緒，或面對與接受原本漂浮在思緒中的狀況。如果妳擔心被其他人看見，可以在電腦中將檔案上鎖，書寫完就刪除或撕毀也可以，重點是在書寫的過程中，我們可以和自己對話、整理思緒，進而更認識自我。當書寫完畢，這件事情其實就大功告成了，妳已經獲得與自我對話和書寫所產生的結果，留下文字有時候是為了回憶，而非一定要重新細細研讀。

當我們更認識自己、知道自己的狀態之後，才比較能夠避免用指責他人或自己的方式和另一個人討論。雙方都該理解性愛關係通常沒有對錯，每個人都是不同的個體，過去的經歷或許有時限制了我們對性、慾望或對方身體的想像，兩個人如果能把溝通性愛過程中所遇到的狀況或困境，從自己出發的觀點來表達，也把這個機會看作是一起成長或拓展眼界的機會，我想就有足夠的自信和安全感一起來討論和面對。

溝通小練習：

用「我喜歡」、「我想要」取代「為什麼妳不……」，減少聽起來的責備感。

例句一：可用「我喜歡輕柔一點的進來」取代「為什麼妳不輕一點？」

例句二：可用「我想要跟妳上床的頻率高一點」取代「為什麼妳都不願意跟我上床？」

如何與另一半溝通性事？

在開始嘗試性愛溝通之前，先看看以下這則小故事吧。

小米和Zoe是交往兩年的女同志伴侶，長期以來Zoe都不太理解小米為什麼在做愛中間會喊停，之後就催促她趕快睡覺，總像沒有好好結束的感覺。小米的說法是她覺得不太舒服不希望繼續，Zoe也因此覺得自己好像技術不好很挫折，Zoe曾經詢問過小米要怎麼改進，小米也說不太上來，只表示是她自己的問題她很抱歉，久而久之性生活也因此降到冰點，兩個人住在一起比較像室友而不像有親密關係的情人。

交往到兩年半的時候，由於出現了猛烈追求Zoe的公司同事，小米開始緊張擔心關係是否會因此結束，希望能改善兩人的關係，開始去尋求伴侶諮商的協助。晤談了幾次，終於討論到讓兩個人都覺得不知該怎麼辦的性生活。Zoe開始哭泣，覺得自己不被接受，被小米嫌棄。心理師引導了一陣子，小米才說出，她覺得高潮的愉悅讓她很有罪惡感，覺得自己是個壞女孩，她覺得沒辦法控制自己的身體，而且還會發出叫聲很噁心，也怕Zoe會覺得自己很淫蕩，就不喜歡自己了。

Zoe驚訝地回應，她很喜歡小米的聲音和身體的反應，覺得這是愛的表現，她以為是自己技術不好，沒辦法讓小米開心，Zoe才覺得小米是否不愛她了。經過幾次晤談討論，心理師漸漸協助小米釐清自己過去的經驗，看見幼時母親總是對著小米辱罵父親有外顯性吸引力的外遇對象，讓她覺得這是件很不好的事情。雖然沒有辦法即刻改變心理和行為，但Zoe終於理解這不是小米不愛她的表現，不全是自己的問題，也願意給彼此多點時間調整，小米也逐漸願意和Zoe多說一些自己的感受，而不是馬上把對方隔離推開。

如果妳過去很少跟其他人討論性愛中的困難，前幾次的嘗試最好不要在做愛的前、中、後任何一個階段開啟這個話題。慾望基本上是由人的本能來驅使，在這些狀態下，人比較容易被情感驅使，用情緒來回應或處理，過去有創傷經驗的人也比較容易在這樣敏感的狀態下再次受傷，可能對彼此來說都不是一個很好的時機。

一位朋友和我分享過，她和女友長期有些性生活上的不協調，很多話悶在心裡許久的她，總不知道要在什麼狀況下啟齒。某次，好不容易過了兩個月的休戰期，她們終於又準備要做愛了，但我朋友實在忍不住心裡的抱怨，衣服脫到一半便劈里啪啦地把過去所有的不滿說出來，原本一心想討好對方、好好做愛的女友，一時之間覺得委屈便嚎啕大哭。當晚當然不了了之，兩人轉頭就睡，這段感情也在幾次這樣的重複經驗之後草草結束。

我們無法在事前確定對方能否客觀地一起討論彼此遇到的性愛問題，所以一開始選在能夠輕鬆單獨聊天的場合，或沒有打算要做愛、可能準備要擁抱聊天的睡前時間等，類似的狀態會比較適合開啟初步的性愛溝通話題。

如果妳發現枕邊人似乎有意圖想跟妳討論，或者表達自己對彼此之間或她自己過去的情慾經驗等相關感受，妳也可以試著一起創造一個有安全感的環境，讓彼此都放鬆一些。通常如果是過去很少討論性經驗的人，一開始會有些尋找不到適合的字彙，因此顯得有點躊躇，這時給予一點耐心和陪伴，相信最終可以順利地進行。

比如說：一個明天不用上班上課的夜晚，兩個人可以躺在床上聊天，或許可以點個精油蠟燭，讓空間氛圍是比較柔和的，或者以不影響對話品質為前提，放點兩人都喜歡的輕音樂。也可以適時表達支持與理解對方的感受，就算那個感受可能某個程度上是指向妳也有些需要調整之處，那也不是妳的錯誤。兩個人本來就是有差異的個體，自然不可能百分之百一拍即合，反而透過這樣的交流，妳們可以更了解彼此，試著讓彼此更開心。

如果嘗試了幾次都有點碰壁或不甚順利，也可以考慮前往專業的心理諮商所，尋求了解同志親密關係議題的心理師協助（書末資源區會放上一些推薦名單，歡迎參考）。背景不同的兩個人本來溝通模式就會有所落差，尋求心理師協助並不代表任何一個人「有問題」。可以把伴侶諮商的心理師想像成是翻譯的角色，這個專業人員將協助兩個不同的個體彼此聽懂，進而了解雙方心中真實的想法，再陪伴和協助兩人一起找出可行的方法，讓關係更有進展。

性愛可以分離嗎？

前面討論了許多關於自己的身體、情慾、感受等議題，我們挑戰了一些傳統價值文化對女性的壓迫，也討論了情慾資源和慾望。或許妳對前面所提的情境想像，多數是存在一段

「一對一」的穩定交往伴侶關係中，但，想想身邊朋友們的例子，以現實的狀況來說，人與人相愛，就一定會愛上彼此的身體、心靈、個性、所有全部的全部嗎？

雖然在過去的文化歷史中，一對一相愛、永誌不渝的劇情，似乎是典型的理想劇本，但其實這是在很晚期才建立的社會制度。早期的一夫多妻，或是某些傳統部落的走婚制[5]，一直都存在我們的真實社會之中。

我們從小學習的愛情劇本，其實常常一點也不真實。想想看，白雪公主被白馬王子吻醒之後，怎麼一起處理柴米油鹽醬醋茶？牛郎和織女分開之後，難道真的能一直心無罣礙地思念對方嗎？我們被建立了對於完美愛情的期待與想像，卻從來沒有被教導怎麼處理愛情

5 走婚是中國雲南摩梭人的一種婚姻模式。摩梭人是母系社會，日間男女少單獨相處，只以舞蹈、歌唱的方式對意中人表達心意。男子若對女子傾心，在日間約好女子後，會在半夜到女子的房間，但不能於正門進入花樓，而要爬窗，再把帽子之類的物品掛在門外，表示兩人正在約會，叫其他人不要打擾，且必須於天亮之前離開，可由正門離開。若於天亮或女方家長輩起床後才離開，會被視為無禮。

走婚的男女，主要是由愛情來維繫關係，不是一般婚姻制度下的經濟互助關係，一旦發生感情轉淡或發現性格不合，隨時可以切斷，因此感情自由度較婚姻關係更純粹，男女關係也較為平等，不似其他民族的婚姻關係中，牽繫極為複雜的經濟社會網絡。

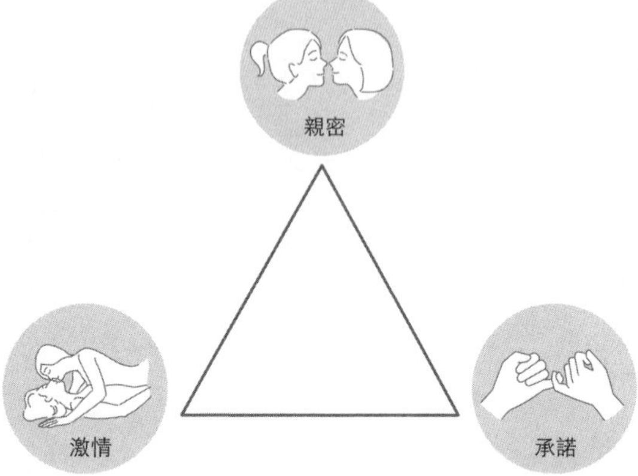

圖3-1 愛的三角理論

當中的爭執、對別人產生感情、相愛但性不合、性合但難以相愛等類似的狀況。

面對感情的「失敗」，我們時常安慰自己或別人「下一個會更好」，或「妳還沒遇到命中注定的那個人」，但期待被真命天女或白馬王子救贖之後人生就一路順遂的心態，往往會讓我們無法真實面對在感情中所遇到的困境和狀況。

耶魯大學心理學教授史登堡（Sternberg）在一九八六年提出「愛的三角理論」（圖3-1），一般被認為是目前對愛情研究最完整的理論。他認為，愛情由三個元素組成：激情（Passion）、親密感（Intimacy）與承諾（Commitment）。「激情」在愛情中是關於情緒和動機的部分，包含吸引力、性的慾望或其他感覺層面的情緒；而「親密」是關於兩個人是否願意從「我」成為「我們」，包含彼此溝通了解、分享生活等。至於「承諾」，則可能有短期和長期的部分，不單指長期關係的承諾，短期的「我決定要跟她在一起」亦為對於關係的承諾。

這三個元素有可能分別出現，且在關係中，三角形的三個邊也會有不同的拉扯。當然，如果三個部分等比存在，的確會是一個很美好的狀態，但實際上人與人的關係相當多元多變，自然每個人與他人互動的過程中，激情、親密感、承諾的比例成分也都不同。可能A對B的性吸引力相當強烈（很想跟她上床），但不想與B產生親密感的連結（不想一起生活、分享彼此的喜怒哀樂）；也有可能C對D有相當深厚的親密感連結（可能同居、同進同出、共享生活喜怒哀樂），也發展到對彼此有承諾（希望長期交往，甚至結婚），但在激情上就缺少了一些（性生活頻率不甚高，或沒有性生活）。

兩個人彼此產生火花，進而發展到交往，不論性傾向為何，幾乎都不脫這三個面向。如果妳也認同性和每日吃飯喝水一般，是我們生命中重要但平常之事，不妨和我一起思考一下：**為什麼我們的社會花了許多力氣在強調「親密感」與「承諾」的重要性，但卻往往對於「激情」這個部分避而不談？**

這三個元素在人的生命中其實都同等重要，經驗美好的性，愛與親密，或承諾關係，都會讓人如沐春風，並從中學習成長。不同的人在人生的不同階段，或許會有不同的重點追求目標，這些都沒有對錯，端看妳想要的是什麼。釐清自己的想要與追求，才是人生中要持續努力的功課。

許多人想到性愛分離，常很快聯想到「每晚和不同的人睡」、「常常出軌」或是「有百八十個性伴侶」，其實這都是許多媒體的加油添醋形塑了我們對此的想像。性愛分離的主軸是「**對自己情感、慾望與身體的自主權**」：妳可以和不同的人發展性關係，不代表妳要和每一個人都發展性關係，也不代表妳要背著另一半和別人發展性關係，更不代表妳不愛護自己的身體，不實行安全性行為。

姑且不論在有伴侶的狀況下實行性愛分離的關係，這比較牽涉到兩個人是否知情、同意進行「多重／開放的伴侶關係」，也有許多在開放或多重伴侶關係下的人，只跟有感情的人發展關係，其實無法性愛分離的。

如果妳從來沒想過性與愛是否能夠分離，剛好趁此機會想一下吧！因為每個人的狀況都不太一樣，就算妳不那麼相信性與愛可以完全分離，應該也能夠理解，性愛之間的關係並非一與零的切割，而是如光譜般有著不同比例的組合（如：七分瘋狂投入的愛與一分淡定的性；零分完全不存在的愛或七分瘋狂的性）。一夜情或多夜情或許也不過是一個人在人生某個階段，因種種原因而不想進入穩定的親密關係——但人之所以為人，就是依舊有著心理的親密感、生理的性需求，以及與他人連結之需求——所產生的關係選項。畢竟要遇到一個可以穩定發展的親密關係，還要能維持一定程度的性活動實在太困難了。多數人其實都在愛情中彼此傷害，然後害怕和裹足不前，而在一夜情的氛圍裡，我們享受著類戀愛的感覺，也感覺著給予和被需要，當然感官上的刺激也是人生之必須。

多數人想到「性愛分離」，常常還會出現很多迷思，如：陌生人很髒、危險，以及這樣好像我很隨便。認真想想，這件事情還是回到性和身體對我們來說應該是私密的（媽媽說「那裡」不能隨便給別人看）、給予的（我愛妳／你，所以我跟妳／你做愛），以及難以言說的，所以不知道怎麼樣和對方溝通（請妳／你剪好指甲、洗手和戴保險套或指險套），不知道怎麼說要與不要（喜歡的上不了，不喜歡的拒絕不了）。而在現今的社會中，擁有多名性伴侶與非伴侶之間的性關係，好像也常被視為一件容易被道德批判的事情，因此讓許多人對於嘗試新的性愛關係感到卻步。

看了這本書後，請試著拋掉那些無謂的道德批判與自我譴責的想法吧。其實「性」和「慾望」不過如同吃飯喝水一般自然正常，是人生來就擁有的需求，要全然地接受自己，就必須要真實地看見、理解自己的狀態。性是身體的慾望，愛是心理的吸引，兩個方面都很美好，但就現實面來說，時常難以僵硬地把兩者硬綁在一起，或是強力分離。記得常給自己多一些時間和自己相處，在沒有外界干擾的狀態下，問問自己內心的聲音，如果出現「這樣是不是不太好？」等類似批判對錯的想法，先不要管「好不好」，而是問自己「想

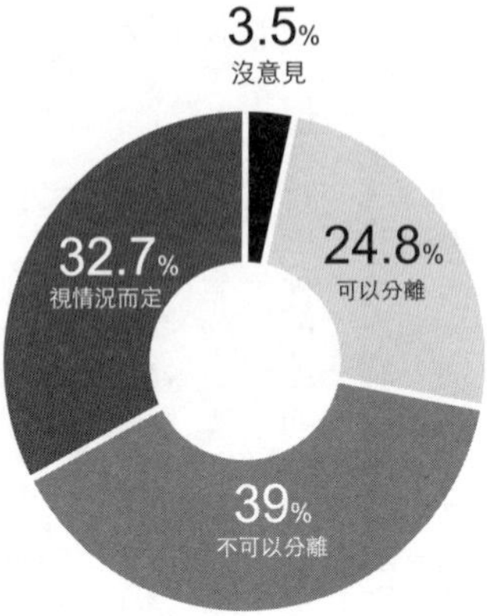

表 7 性愛可以分離嗎？

要什麼」。慢慢釐清之後，可以再問自己「為什麼想要」，相信每個人都可以逐漸練習去傾聽自己內心的聲音。

再回到性愛是否可以分離的這個問題，我的答案會是：在某些人身上，性愛的確是可以分離的，但某些人則是很清楚自己的性愛必須要合一。我也聽說過有些朋友是性愛可以分離，但她比較喜歡性愛合一的感覺，反之亦然。在「二〇二一拉子性愛百問」的一千七百二十五位受訪者中，有百分之二十四點八的人認為性愛可以分離，百分之三十九的人認為不可以分離，另外有百分之三十二點七的人覺得要視情況而定（表7）。所以，如果你慢慢發現自己其實是性與愛不一定要全然綁在一起的，接下來要練習的便是了解自己在發展性伴侶關係上的底線，以及自己覺得比較舒服也身心安全的關係模式，這個部分我們會在下個段落仔細討論。

尋找炮友／一夜情注意事項

小美是個偏婆的女同志，對於自己的身體和情慾都很了解，喜歡比較溫柔的偏踢、可互攻對象，偶爾喜歡玩角色扮演的遊戲增添生活趣味。單身時常常會在網路上尋找一夜情，如果討論到伴侶關係，性的品質也是她很重要的評分要素。

小古是個剛失戀的不分偏踢，剛分手的前任女友這一年來和另一個女同事愈走愈近，最後也和小古漸行漸遠。失戀的痛苦讓小古一個星期以來都是白天強打精神去上班，就怕被同事發現自己的狀況，但晚上一回到家就覺得空虛寂寞，每日以酒精麻痺自己，希望自己不要一直去想念前女友。

某日，小古在女同志交友軟體上遇到了照片很性感的小美，就丟她小聊一下，小美很直接地說：「天氣很冷，要不要一起出去開房間？」苦惱於一直想念前女友的小古躊躇了一陣，後來還是答應了。小美跟小古約了時間地點之後就繼續說：「妳有約過嗎？就這一夜喔，我不太喜歡多夜情，覺得可能會比較麻煩。我知道妳剛失戀，我可以陪妳沒關係，但就一晚好嗎？」沒有一夜情經驗的小古一下子想不了這麼多，只覺得看到一絲希望，好像

好好

還會有人可能會覺得自己不錯，馬上就答應了。

直接約在摩鐵門口見面之後，小美很熟練地說：「我覺得妳可以，妳覺得我ＯＫ嗎？不合妳的意也沒關係喔，大家聊聊天也沒關係。」小古說：「可以，但我不知道接下來要幹嘛？」小美笑了笑：「先進房間洗澡好了，等下讓妳知道！」

進房洗完澡之後，小美拍拍床鋪旁的位置，叫小古坐到旁邊來，問說：「妳喜歡主動還是被動？」小古說：「其實都可以耶！」小美瞬間手扶上小古的後腦勺，往她的耳朵親過去……。一陣翻雲覆雨之後，兩人都累了，小美趴在枕頭上問小古：「妳還想前女友嗎？」小古苦笑：「還是有一點耶！」小美歪頭說：「沒關係，正常的，時間會治療一切。」小古欲言又止了一陣，問：「下次還能找妳出來嗎？」小美笑著推了小古的頭：「就跟妳說一次而已嘛！」

這時，櫃檯人員打電話進來通知休息時間已到，小美說自己等一下還有事情，不能再加時了，吻了小古一下說謝謝妳的陪伴，留下了一半的房錢就匆匆離開。過了一個多月，小古想到了那天的美好經驗，又不死心的傳了訊息問小美能否見面，過了幾個小時，小美回訊：「不好意思捏！我前天剛交了一個女朋友，現在很幸福，以後要暫時收山囉～妳會找到更有趣的人的！祝順心～美。」小古雖失落但也覺得第一次能夠碰到這樣的一夜情對象，讓自己還滿感覺良好的，但仔細想想還是得來面對之前失戀的痛苦才是……

首先，妳可以先思考一下，自己偏好從認識的朋友當中尋找，或者是從陌生人的市場裡開始拓展，這兩個部分各有好處。畢竟較為陌生的人，妳不了解她的背景和身心狀況，需要做比較多事前自我保護的準備，避免遇到危險情人或有極端傾向的人。雖然機率並不高，但仍需要做好自己的心理建設，以及對於危險的因應措施。至於在朋友的圈子裡尋找，好處是妳較為熟悉，比較不用擔心人身安全的問題；但壞處是如果關係處理不得當，或兩個人對這樣的關係期待不一，可能會變得尷尬，或者產生一些不愉快。因此，先思考妳自己的個性與期待，再來想要從哪裡尋找合適的對象。

目前在臉書的許多拉子社團中，有些是有標明「提供給尋找姦情[6]」的社團，通常因應法律規定會要求年紀二十歲以上才可加入，另外也有一些LINE的群組，定期會在ＰＴＴ

6 姦情，源自於過去在KKCITY站中的拉子ＢＢＳ站5466（我是拉拉），裡面有一版為姦情版，提供給女同志尋找一夜情、性伴侶或約會的匿名網路空間，故在社群中逐漸稱這種約炮的狀況為「找姦情」，和一般異性戀說「姦情」為出軌的狀況有所差異。

好好

的Lesbian版邀請人加入。加入類似的社群前，先了解一下裡面的成員組成，也可以尋找一下與自己興趣相近的同好（如：喜歡BDSM、角色扮演，或主／被動、性角色固定或不分等）。除此之外，平常也可多參與一些社群內的座談會或聊天會活動，建立自己的同志交友圈，如果妳身邊只有異性戀朋友圈，要找到可以一起滾床單的人機率真的是要看老天爺心情啊！

如果妳遇到了有發展機會的對象，**第一次最好不要直接邀到妳的家中，以避免遇上後續被騷擾或跟蹤的可能性**，建議先約到兩人所在地中間的旅館或Motel，如果擔心金錢上的負擔過大，可先休息兩三小時，這樣也比較進可攻退可守，如果兩個人玩得滿開心，可以再要求加錢住宿；如果覺得休息就足夠了，或沒有很想繼續下去，也能以時間為理由結束。記住赴約之前，把妳的所在地告知一至兩位妳能信任的友人，結束後也告知她們妳的安全，並且要**隨時聆聽自己內心的聲音，不要過度勉強自己去配合別人**。如果擔心碰面期間覺得不適合，也可以在會面前請朋友在中途打電話給妳，設定一個暗號代表妳想要離開，或也可以用妳覺得對方能接受的方式拒絕。

當然如果妳希望多認識一下對方再決定，也可以先去喝個咖啡、吃頓晚餐，進行一下約會的行程，也可同時在交談過程中，釐清一下妳自己或對方的期待，是希望發展交往關係，或是希望單純尋找性伴侶或短暫的陪伴。如果兩個人的期待有差異，可能之後也會有不愉快或是失落的情緒出現，可在開始之前確認一下彼此的期待，以避免後續要處理更多問題。

第一次尋找一夜情，不免要面臨一些自身心態上的調整，以及多數人都會經歷的，被做愛後的親密感和腦袋裡的化學作用影響，而覺得彼此很契合的過渡階段。做愛之後，兩人之間的親密感當然會激增，尤其當妳或對方已經許久沒有和另一個人如此親密。所以我的建議是做任何決定都要慢慢來，**切記避免上床隔天一睜開眼覺得人生好滿足，就決定攜手交往共度一生**（我知道這種事情不斷在發生，但就是因為有太多可怕的結果，才要千交代萬囑咐！）。**如果真是妳的緣分，不會起床就跑掉的，請給自己和對方多一點時間思考。**

不管妳是第一次，或已經有好幾次的尋找一夜情或多夜情經驗，誠實與尊重彼此我想是維繫任何關係的重要法則；並且妳就是自己的主人，沒有他人能夠完整妳，除了妳自己，所以要相信自己的直覺和想望。學習感覺自己的邊界和限制，想繼續的時候能夠繼續，但想喊停的時候也能夠喊停。當妳感覺恐懼時，去思考妳的恐懼從何而來，並努力保護自己、安撫自己，如遇到對方合理的拒絕，也才能用平常心去面對和處理。

然而，如果妳期待一夜情或尋找性伴侶可以解決心裡的空虛或失戀的痛苦，或是對自己沒自信，希望能有多點正向經驗，那我可以很直接地說，一夜情或尋找性伴侶，並不是一帖祕方或特效藥，沒有辦法解決妳人生現階段所面臨的痛苦或問題。再加上女女要約一

好好

夜情真的不太好約，有個朋友說的笑話很貼切，「女同志常約炮約到月經來了都還沒約成」，實在是沒辦法解決什麼人生議題。但我相信，每個人對自己的身體都有自主權，妳可以決定妳的身體樣貌，當然也可以決定要和誰分享妳的身體，可以偶爾稍微跨出自己的舒適圈，說不定會有意想不到的美好經驗呢！

第四章

性愛達人基本功

好好

第四章　性愛達人基本功

妳沒看錯，雖然這不是體適能推廣的書籍，但我還是極力推薦鍛鍊肌肉。因為「工欲善其事，必先利其器」，好好訓練一些重要的肌肉部位，不論妳是攻方或是受方，都可以更加地取悅彼此。

我們也要有一個體認是，女女性行為通常不會在三五分鐘之內結束，女性的身體結構就注定了這是一段爬坡層層上山的過程，而不像男性可能是坐大怒神，咻——一下就結束了。雖然要花比較久的時間醞釀，但累積的情慾能量有時候可是也會一下把妳推送到九霄雲外的！

核心、手臂肌肉很重要

那麼，要鍛鍊哪些部位的肌肉呢？手臂的肌肉當然是第一要務。有次有個婆朋友跟我分享看踢的心情（簡而言之就是發花痴），她談論到踢的手臂線條時的臉，那閃閃發光的眼神和眉宇之間的神采奕奕，實在是我過了幾十年可能都不會忘記啊！除了線條好看可以把妹之外，在進行不論哪種性姿勢的時候，手臂的力量和穩定程度，對女同志來說也都相當重要。

記得另一次，有個朋友丟我訊息，想跟我聊最近的性生活苦惱，她說她實在很喜歡跟她女友做愛，不管是氣氛的營造、兩個人的主被動角色配合，或是對方的身材，她都喜歡得不得了。唯一的問題就是，女友在進入她和撫摸陰蒂的時候，實在是太不持久，一開始都衝勁十足，但約五分鐘之後，手移動的頻率就開始不穩定而且漸弱，感覺很像電池快沒電的跳蛋……雖然這段對話讓我之後每次看到她女友都想到快沒電的跳蛋，但為了她們的性福著想，我還是有盡朋友的義務，建議她趕快帶女友去健身，尤其是要做手部的重訓。

如果不想加入健身房，其實在家裡用大罐寶特瓶裝滿水，每天做二十到三十下的側邊抬手和五十下的上臂抬舉動作，兩三個月之後，對手臂的速度和力道的穩定度維持都會有很大的幫助。記得兩邊要平均做，有時候換手用用看也是別有一番風味啊！另外，握力器訓練也是一個很不錯的日常重訓方式，手指的小肌肉如果夠靈活，做起愛來也會有如神助（圖4-1～4-3）。

圖 4-1　側邊抬手運動

圖 4-3　握力器訓練

圖 4-2　上臂抬舉運動

核心肌肉的鍛鍊在性愛過程中也是不可或缺的，年紀漸長，逐漸感受到核心肌群對身體穩定度和分擔腰部負擔的重要性。現代人長期核心無力造成下背緊繃，如果是喜歡嘗試不同姿勢和體位的朋友，更要及早鍛鍊核心肌群，不然在嘗試新姿勢的過程中如果受傷，不只當下尷尬，還可能要休養一個多月，真是有點得不償失。

核心肌群的訓練坊間有相當多的資訊，建議以鳥狗式、棒式、橋式等進行每天的徒手居家訓練。

親吻

親吻是不需語言的溝通方式，透過親吻，我們可以感覺和對方的身體在對話、溝通。雖然許多性愛是由親吻開始，但親吻不只是如此，有些人覺得，從親吻可以看出一個人的性愛態度和技巧，也有些人覺得，綿密且深入的親吻，比進入彼此的身體更親密。妳覺得親吻是什麼呢？

有許多受訪者認為，如果和一個人親吻不能讓妳情慾大開，滾上床之後，大概會讓妳滿意的機率也不是太高。但，有時我們也把親吻想像得過度美好，可能是童話故事看太多。

有些受訪者曾表示：「我以為每個初吻都會眼冒金星、腳發軟……」如果妳很常眼冒金星、腳發軟，可能要先注意是不是餓太久或酒喝太多。親吻這檔事，沒有白馬王子和白雪公主那齣久不下檔的肥皂劇描寫的這麼厲害，可以起死回生，但尋找出每個人所喜歡的親吻方式、強度、角度，確實是維持性愛熱度的重要祕方。

和另一個人分享我們的嘴巴，是一個非常親密的舉動，唇與唇的靠近能嗅聞到彼此的味道，甚至能嘗到對方唇上或唇內的滋味，讓妳們彼此的距離更拉近一大步。有些情侶在初期的親吻方式可能並不協調，但每個人的親吻風格在一生中都可能有好幾個不同的階段，讓對方告訴妳她喜歡什麼樣的親吻，妳在學習、練習的過程中，再將之轉化成自己的親吻方式資料庫中，就可以時時用來面對不同的情境需求。

女生的雙唇通常比男生柔軟，如果妳過去的交往對象是男性，或第一次親吻到女生，可能會驚訝於這柔軟的舒適感。有些雙性戀女同志表示，她們最喜歡女生的部分，就是沒有鬍碴的嘴巴周圍的肌膚，接吻時可盡情彼此摩擦又不覺得疼痛，也是親密感的重要來源之一。

第一次親吻上對方的唇，千萬不要急著把舌頭伸進去對方喉嚨裡，或用嘴巴含住對方的雙唇弄得她整臉口水。感覺一下她是否有邀請妳伸入舌頭，如果妳要用舌頭撬開她的牙間，代表她還沒準備好，請不要破門而入。也不要一開始就用力地吸吮她的唇，雙唇周邊的皮膚較細嫩，被狂扯的感覺可不好。一開始輕輕啄、熟悉彼此的節奏之後，可稍微冒一點險，輕吸她的下唇，左右各啄個幾下，可藉此培養兩人之間情慾的張力。

在唇齒相依的狀況下，彼此都會接收到對方皮膚與嘴唇的味道，許多女同志受訪者都表示，女人臉部和肩頸之間的氣味是她們無法抗拒的主要原因。在親吻彼此的時候慢慢來，才有足夠的時間去感覺對方的氣味和觸感，說不定這是最令人難以忘懷的部分喔！同理可證，口臭也會讓人興致全消，維持口腔衛生，多喝水促進身體代謝，才能維持讓對方驚豔的好味道。

除了親吻雙唇之外，臉部、耳朵或身體的其他地方，通常也期待著親吻的落下。尋找彼此喜歡被親吻的部位，可以用輕啄、輕咬、吸吮、用雙唇輕撫過肌膚等方式交替，來發掘彼此喜歡的力道和方法。有些人的臉部和耳朵不喜歡被口水淹滿，記得控制一下口水，有時用舌頭伸入耳朵也會讓某些人感覺不適，但也有人喜歡，可以先輕巧地嘗試一下。如果妳做對了，她會很喜歡，但記得不要發出用力親吻的嘖嘖聲，耳膜會承受不了魔音穿腦的痛苦喔！

前戲

有時候朋友之間聊天，常會開玩笑說，女同志從喝咖啡開始就已經展開前戲了，其實這句話並不假。對很多人來說，從聊天或見面開始，曖昧氣氛的醞釀，已經為後面的激情開始譜下序曲。如果是剛開始約會、有點喜歡但還不熟悉的對象，或者妳試著從網路上尋找可能的性伴侶，在對話或言談之間，身體有意無意的接觸，就可以偷偷開始暗示妳的慾望啦！

雖然女生之間的身體距離較為接近，朋友或可能發生關係的對象還是有所差異的，比如說，之前在朋友之間做過非正式的調查：牽手（手掌對手掌）和勾手所代表的意義，對很多人來說都不太一樣。妳也可以觀察對方和別人的身體距離，如果一個人和其他人的肢體接觸都有點距離，但卻常常拉妳、牽妳、碰妳，這可能也有其他的含義喔。這中間的情慾能量的醞釀，有時候要看緣分和兩個人的狀態，接下來讓我們跳快一點，來到床上的前戲吧！

一段美好的性愛旅程時常從親吻開始，可能是從臉頰，也可能是從敏感的耳朵開始，從吸引人的紅潤雙唇進攻也是一個不錯的選擇。兩個人互吻得差不多之後，妳可以雙手開始愛撫她的身體，從已擁抱著的背後開始，輕輕地上下或左右撫摸，如果對方的胸罩還穿著，這時可以將手伸到她的衣服內打開扣環。記得動作可以慢且輕，一隻手如果打不開（有的內衣有三個扣環，實在很難迅速地用一隻手打開），可以兩隻手一起伸進衣服內幫忙，不然如果開內衣開了五分鐘，有時候會不小心變成笑點，要再拉回原本的氣氛裡就有

好好

點困難了。如果對方穿著運動內衣或是束胸，可以在脫去她的上衣之後，再協助她將運動內衣或束胸脫去，因為這類型的內衣為了要形塑平胸的身形，都有些緊度，有了妳的幫忙，她可以更快將衣物褪去，進入到肌膚相親的階段。

有些朋友曾說過，對方看起來很踢，不知道會不會想脫衣服袒露身體，有時候她看起來沒有要脫，也不太好意思強脫對方衣服。但也有聽過一些比較陽剛的踢朋友說，對方看起來沒有想要脫她的衣服，所以她也不太好意思自己脫。我常常覺得女同志真是太有禮貌了，客氣到雙方其實都不太清楚怎麼去詢問彼此真實的狀況是怎麼樣，可能是不好意思問，或兩個人認知不同。其實這種事情最好還是詢問對方的意見，用感覺的不一定準確，尤其是剛認識或短暫性關係的對象，彼此還不是這麼熟稔，但既然問出口了，也得有心理準備，要尊重對方的決定。也有朋友說過，她跟某任前女友剛交往時還不太熟悉，她的過往經驗是對方雖然自我認同為踢但也都會脫衣服，所以第一次上床她就很努力地用盡方式想脫對方的衣服，結果對方做到一半就負氣跑出去，回來以後滿身酒味才跟她娓娓道來，說脫衣服讓她很不舒服，可不可以尊重她的意願。

在「二〇二一拉子性愛百問」的調查當中，雖然有百分之六十四的人都會脫光衣服，但也有約百分之一點六的人做愛時會全副武裝，一件衣服都不脫；也有百分之五點二的女同志，僅脫掉外衣，不脫內衣的。由此可見，每個人看待身體的方式其實是很不一樣的，有的人很清楚自己的狀態，有的人願意有更多的探索，我想最好的方法還是兩人能在情緒穩定的狀況之下，好好地跟對方表達自己所喜歡的模式，並且達成雙方都能同意的共識，那就是再好不過了！

兩個人都將衣服褪去之後（或妳將對方衣服脫去之後），這時候妳可以輕捧住對方的胸部，不需要太快去觸碰或親吻乳頭，可以先從撫摸或親吻胸部下緣開始，再慢慢地朝乳暈前進，可以用手或舌頭輕輕描繪乳暈周邊，再出其不意地含住乳頭，用舌頭慢慢地移動。一開始不要太用力吸或咬乳頭，通常在身體還沒準備好的狀況之下，觸碰乳頭或太用力會造成疼痛，反而讓人性致大失。同時，妳可以用手撫摸她身體的其他部位，感覺對方的反應，有些人身體側邊的某些點會是特別的敏感帶，有些人是大腿內外側，也有些人是背部的脊椎周邊，這些神祕之處就要靠妳來親自發掘了。

在親吻胸部的同時，可用一隻手捧住另外一邊胸部，同時用這隻手撐住自己的身體，再用另一隻手撫摸或尋找她的身體其他部位的敏感帶，這時就可以感覺到鍛鍊肌肉的重要性啦。幾分鐘之後，可以轉往親吻敏感帶，然後手回去撫摸胸部，幾次來回，感覺到對方身體準備得差不多了，就可以用手探測一下她的陰部濕潤程度。如果還很乾燥，有可能是身體還沒準備好，或者有些人的陰部分泌物本來就比較少。環境也會造成影響，我最常說濕潤的三大殺手就是：冷氣、暖氣、電風扇，房間內如果有以上這三種電器開著，有些人就很容易變乾，這時候適當補充水性潤滑液，會對性愛的順暢幫助很大。

還不夠濕潤的時候，千萬不要強行摩擦或進入陰道。在性愛過程中，任何非預期的、不被期待的疼痛感，都有可能會讓人失去性致或感覺不舒服，所以千萬要仔細去感受對方身體的改變，或詢問對方的狀況，可以輕聲問「現在妳覺得夠濕嗎？會痛嗎？」來確定狀況。

指交

記得在進行指交前，第一件事情就是要固定修剪指甲，以及將雙手清洗乾淨。如果要剪指甲，要和銼刀一起使用，剛剪完的指甲相當銳利，大家應該都有剛剪完指甲就抓癢的經驗吧，被抓的部位是不是會有一條條通紅的痕跡？想像一下，如果這樣的狀況是在陰蒂或陰道內，肯定會造成不舒服和傷口，所以千萬要記得隨時做好準備：修剪指甲並磨圓，以及清洗雙手。

現在也有很好的輔助保健用品：指險套（第十章會單獨介紹），顧名思義就是給手指用的保險套啦。在指交的時候使用，可以保護對方的身體健康，避免因摩擦出現傷口或挫傷，或指甲縫隙內的細菌傳遞而產生感染；也可以顧及在不方便洗手的地方發生性行為的狀況。

指交基本上是女同志之間最常見的性愛模式，超過百分之九十二的女同志都表示指交是她們最常使用的性愛方式，不管是摩擦陰蒂或整個陰部、進入陰道或肛門，手指頭都是很常使用的性工具，所以好好照顧手指也是女同志們很重要的任務喔。

在開始進行實戰之前，我想請妳先把常用手的食指和中指指腹放在另一隻手的手背上，試著做以下幾個不同的動作：輕放畫圓（圖4-4）、穩定的輕敲（圖4-5）、輕壓左右（圖4-6）或上下移動（圖4-7），用妳的手背去感受一下這幾個動作的差異，然後試著連續十分鐘做同樣的動作。這幾個是當妳要摩擦陰蒂時最常見的動作，通常如果只做一下

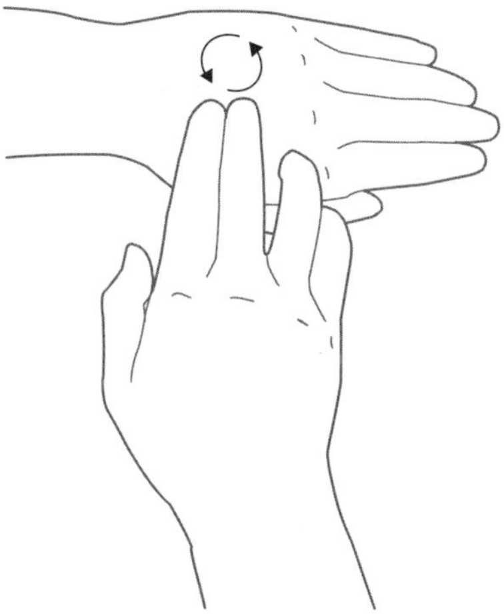

圖4-4 用食指和中指指腹輕放畫圓

下，只會用到手掌到手腕附近的肌肉，但如果要連續做十分鐘以上，加上手臂的肌肉一起移動比較不會這麼累。

每個人喜歡的點和動作都不太一樣，每個人能夠維持長久時間的動作也不盡相同，當攻方能夠長時間在陰蒂周圍做畫圓動作，而受方也喜歡，當然就一拍即合，但通常世事不盡如人意。如果對方喜歡同一定點輕敲，妳卻只是左右移動，這樣不是很扼腕嗎？所以，請感覺和嘗試這些不同的被觸碰感受，也觀察對方喜歡的方式，搭配肌肉穩定度的訓練，相信就可以成為對方心中的「黃金右／左手」啦！

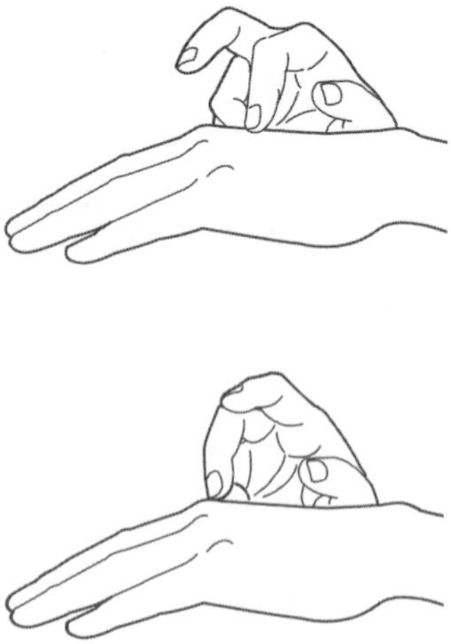

圖4-5 用食指和中指指腹穩定輕敲

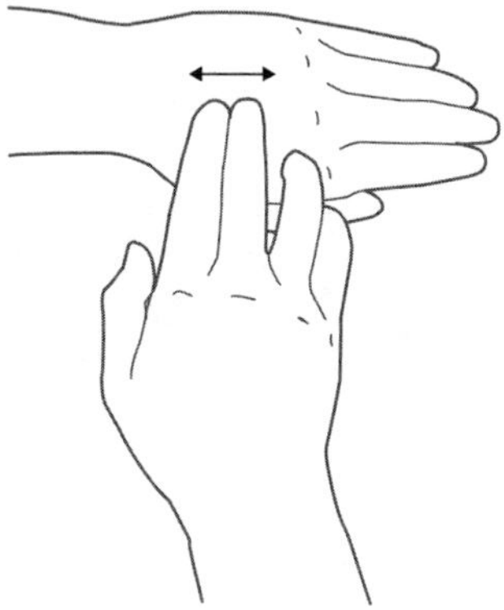

圖 4-6 用食指和中指指腹輕壓左右

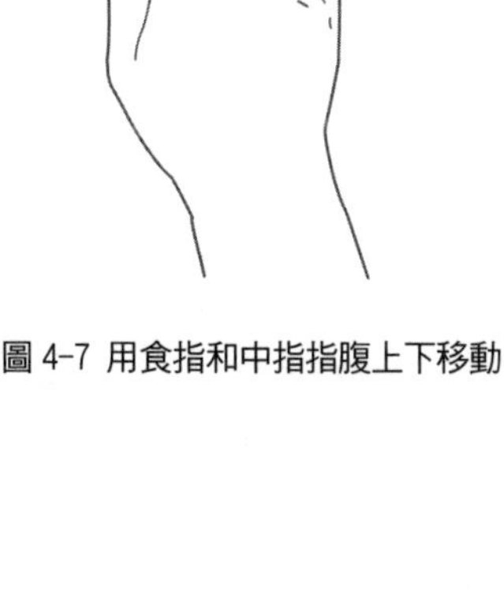

圖 4-7 用食指和中指指腹上下移動

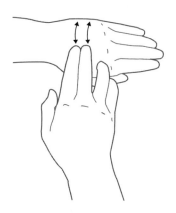

摩擦陰蒂

陰蒂和陰莖的構造是相似的海綿體，所以當身體逐漸接受性刺激，情慾勃發的時候，大陰唇會漸漸地打開，準備接受更多刺激；陰蒂也會充血膨脹，這時妳會很容易看見或摸到陰蒂的存在，但和乳頭一樣，不要一開始就強力猛攻陰蒂本人，因為陰蒂聚集了超過八千個末梢神經，非常地敏感。建議可以先在陰蒂周圍畫圈（圖4-8），讓她適應觸摸力道的存在，再開始輕輕地撫摸，幾分鐘之後可嘗試加重一些力道，有時用力一些也會感覺到恥骨在附近的位置。總之，可試著逐漸穩定地加重力道，建議可以有三到四個層次的不同力道，搭配我們上個段落所練習的動作，過程中一樣要去感受對方身體的反應。

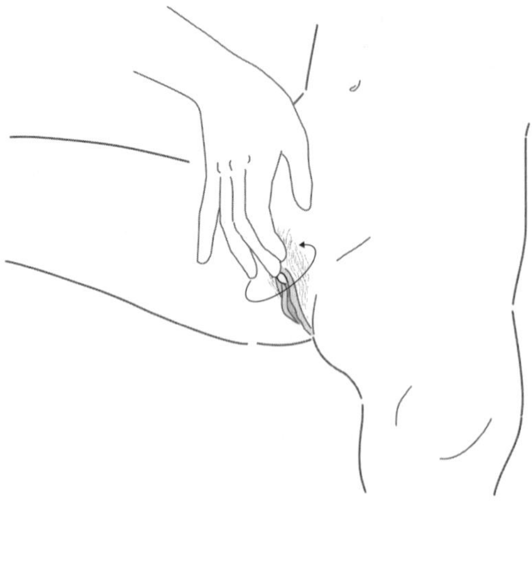

圖4-8 在陰蒂周圍畫圈

當然，撫摸陰蒂不只是專注於陰部而已，這樣受方也太無聊了。在主動進攻時，一隻手負責陰部，一隻手撐住身體，還有嘴巴可用，這時可以說點彼此都喜歡聽的話，或也可以一邊親吻胸部或嘴唇。其實性之所以有趣且會產生親密感，便是因為互動過程拉近了兩個人的身體和心理距離，所以接受方要做的事情也不是只有被摸而已。被摸的同時，妳的雙手也可以反摸回去，兩個人面對面側躺，就可以同時撫摸到彼此的陰部，也可以享受到互動的快感！

如果覺得這個姿勢很難進行，撫摸攻方的胸部或身體敏感帶，親吻耳朵或嘴唇也都是不錯的選擇。女生的高潮通常需要一段時間的醞釀，像爬山一樣，努力之後就可以到達山頂看到美麗的風景，如果妳感覺到對方的身體肌肉逐漸緊縮，甚至有一陣一陣的微微顫抖，高潮應該就快來了，但還是需要妳幫忙一把。愈是靠近高潮，撫摸的頻率要愈穩定，或是漸漸加快。

如果對方身體開始些微抽搐，不要因此停下，如果她的身體扭動得很厲害，試著順著她身體的律動持續撫摸。高潮來的時候，有時會像潮水一樣一波波湧入，如果她的陰部變得很敏感，妳可以先把手移開，擁抱著她等待高潮過去，說些她喜歡聽的話，做個完美的結束。

要進去，還是要出來？

有些女生在撫摸一陣子陰蒂之後，可能就會到達高潮，不一定要進去陰道刺激，但有些人反而會更想被進入，或是這樣的狀況會隨著身體狀況不同而輪流出現。記得我們前面有說到，陰道不是一個筆直的通道，所以在進入陰道時，要先慢慢地順著陰道壁感覺一下她的走向。每個人的陰道方向或長短都不同，所以第一次都要小心一些，用力戳的話，對方有可能會痛到把妳踢下床喔。

等陰道適應了手指的進入，妳就可以開始動作了，在陰道內可以選擇的動作有：沿著陰道壁轉圈、進出抽插，或輪流刺激陰道壁的某個敏感點，歡迎大家發揮自己的創意組合或發想。

和摩擦陰蒂類似，通常會建議先慢慢開始動作，再逐漸加快，力道通常會比摩擦陰蒂大，但也要看每個人的偏好。受進入陰道的角度和動作影響，多數時候勢必會有一隻手要當作支撐妳自己身體的支點，或也可採跪姿在對方的身體側邊，雖然這樣兩人的身體會離比較遠，但攻方會比較好施力，也可用另一隻手撫摸身體的其他部位。並且，因採此姿勢，受方的手也可調整姿勢撫摸到攻方的陰部或身體其他敏感部位，互動性會大增喔！

進入陰道內部後，可以感覺一下進入一個指節處與兩個指節處之間，不同深處的觸感。

通常有些女生在距離陰道口的一個指節處會有一個敏感區塊（一般稱G點，但也有些性學專家質疑G點存在與否，圖4-9）。在進出動作的時候，指腹可沿著陰道壁的這兩個敏感部位前後摩擦。這時要運用的是手指到手背的力道，而不是整隻手臂的力氣。有些女生喜歡較為狂野的性愛方式或氛圍，這時就可以用整隻手臂的力道進出抽插，會比單純使用前臂來得用力一些。如果可放入一隻手指以上，可慢慢增加手指數量；如果進入兩隻手指，可模仿彈琴的手勢，兩隻手指快速彈跳陰道內壁。記得，不管是怎樣的力道，穩定地刺激陰道內壁的敏感點，會讓受方非常舒服，進而達到愉悅的高潮。

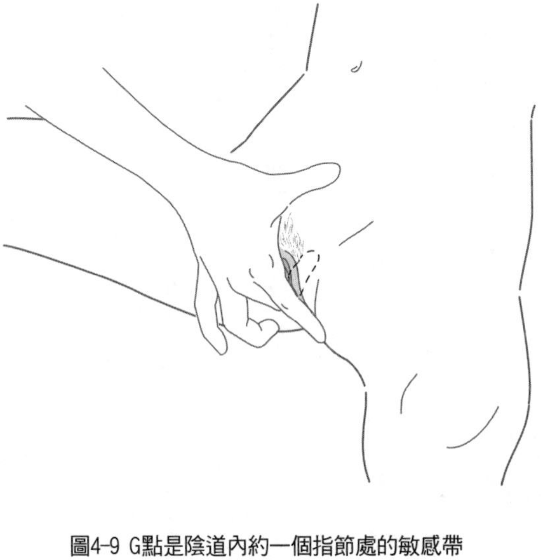

圖4-9 G點是陰道內約一個指節處的敏感帶

好好

口交

口交在「二〇二一拉子性愛百問」中，榮登最常使用的性愛方式第二名，占了百分之七十三點八。所以基本上如果妳是性愛初心者，或本身慾望的頻率沒有非常高，指交和口交技巧練習得不錯，應該就很夠用了。

口交顧名思義，就是以嘴巴親吻或以舌頭舔舐陰部來進行性行為。有些人對於口交的心理障礙來自於覺得「自己的陰部很髒」、「味道不好聞」等，但其實陰部說不定是全身上下最乾淨的地方。雖然陰道內會產生分泌物來維持酸鹼平衡，有時分泌物氧化會有些味道，有時則是陰部的毛髮沾染到排泄物而產生的味道，但清洗一下就好了，真的比手和嘴巴還來得乾淨許多喔！

因為陰道內部的細菌種類很固定，平常陰部也不會接觸其他的東西，不像手會四處摸到各種細菌或病毒，所以陰道的健康、味道，事實上和女生身體狀況也有很大的關聯。身體抵抗力差的時候，常常陰道也會連帶有些微感染而出現比較多的分泌物，所以不要再誤會陰道啦，常常陰道的味道和狀況也反映著妳的身體健康。有些人因為飲食習慣或天生味道比較重，如果會介意或擔心，其實可以靠改變飲食習慣和多運動來改善，但也有人非常喜歡陰部的味道，青菜蘿蔔各有所好，所以詢問對方才是上策。

口交前最重要的是清理口腔衛生（嘴巴或手其實比陰道的細菌種類多非常多呀），因為嘴巴一整天吃了很多東西，食物殘渣和細菌都隱藏在牙齒和口腔內膜中，如果不小心隨著口水進入陰道，可能會改變陰道內的細菌平衡，甚至造成感染。一般來說，站在衛教的觀點，不太建議口交前用力刷牙，有些人想說要刷得很乾淨，就很用力刷，因此產生很多細小的傷口，疾病也比較可能因此互相傳染。如果要刷牙，建議口交半小時前輕輕地刷即可，或可使用無酒精的口腔漱口水，比較不會有殘留的酒精刺激細緻敏感的陰部皮膚。

要開始之前，不用太快往對方的下半身鑽，有些人也是需要心理準備一下（但當然也有人喜歡直接來，開始之前記得先探詢一下對方意願），可以先沿著身體慢慢地往下親吻，從正面或背面都可以，有些人背後比較敏感，細細親吻過後身體也會比較放鬆。繼續往下之後，來到平常我們穿內褲的部位，可以沿著一個假想的內褲邊緣親吻或撫摸，通常這個部分因為比較少和外界接觸，多數人都滿敏感的，皮膚也會比較細嫩，到了大腿根部的位置，可以沿著大腿根部撫摸、親吻或舔舐到大腿內側，再慢慢地靠近大陰唇。

親吻幾下大陰唇，接著可以用舌頭或雙手協助，把大陰唇微微打開。這時不要忘記用妳們之間喜歡的方式稱讚一下對方，尤其是首次嘗試被口交的人，一開始通常會有些心理障礙，不太確定對方怎麼看待自己的陰部，所以稱讚一下對方也會讓彼此都比較放鬆地繼續進行下去。

把大陰唇打開之後，妳應該可以看到陰蒂微微膨脹了，可以使用舌頭在陰蒂周圍輕輕畫圈。和指交一樣，不要一開始就用力吸或咬陰蒂，牙齒的力氣可是不小啊。幾次之後，可以用很輕微的力道，舌尖輕掃過對方的陰蒂，觀察一下對方的反應，如果不會太刺激的話，就可以再試著加重一點點。

親吻陰蒂的方式，大概有舌頭上下擺動、細細輕吻、含住用舌頭畫圈等方式，可以交替著使用，有時候也可以滑到陰道口，有些人也會因此感到興奮及舒服（圖4-10～4-15）。

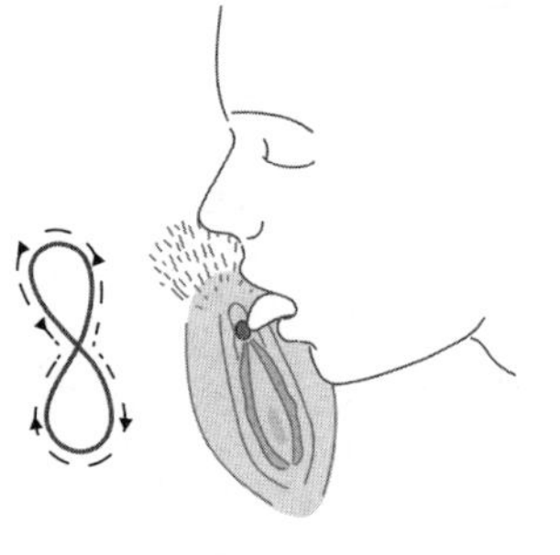

圖 4-10 用舌頭在陰蒂頭上畫 8

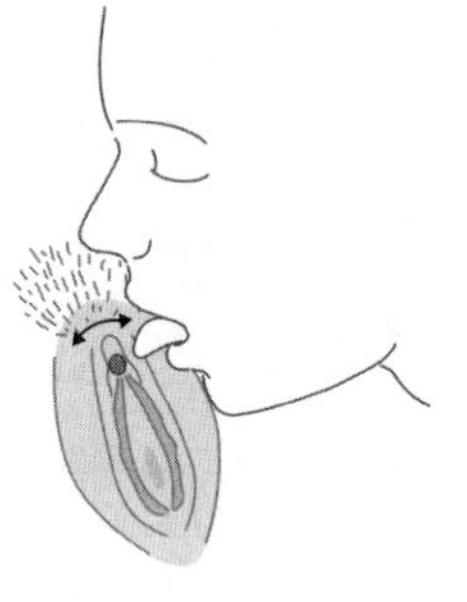

圖 4-11 用舌頭在陰蒂頭上左右平切

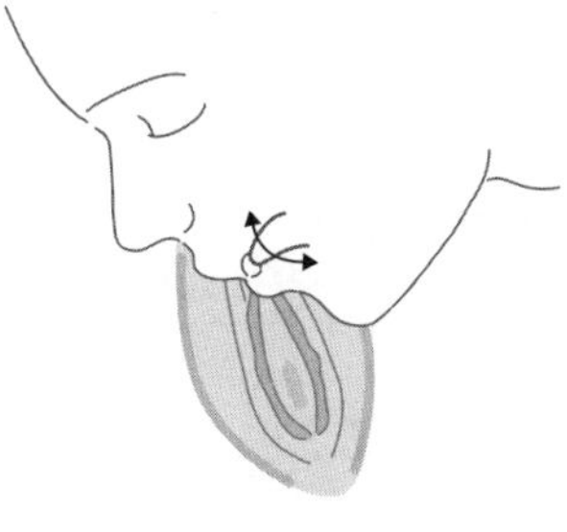

圖 4-14 將陰蒂頭輕輕含入口中，
用舌頭轉圈圈

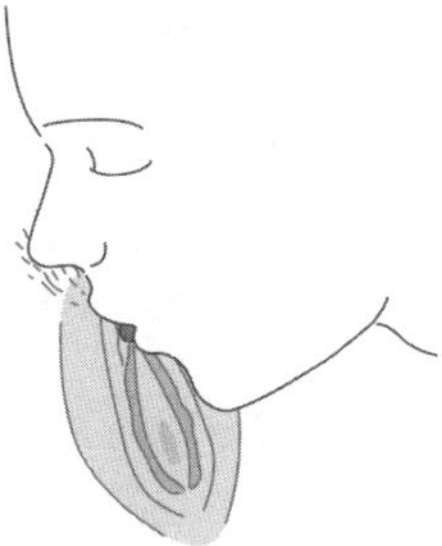

圖 4-12 將陰蒂頭輕輕含入口中，
輕輕吸吮

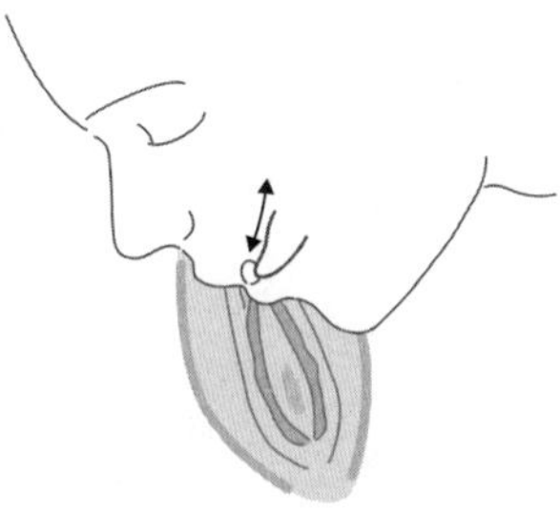

圖 4-15 將舌頭對準陰蒂頭，
快速來回點頂陰蒂頭

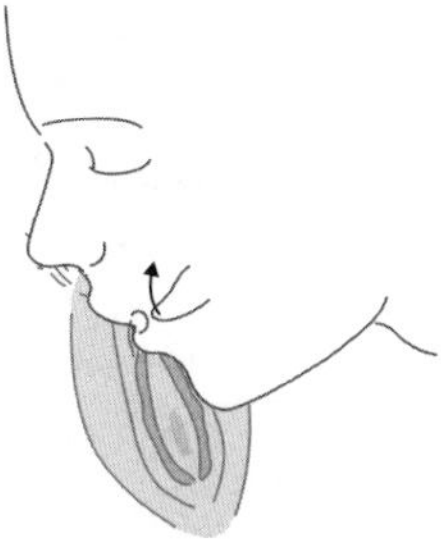

圖 4-13 將陰蒂頭輕輕含入口中，
用舌頭勾動

口交的時候，如果手不知道要放在哪裡，塞在兩腿之間又很擠，建議可以把雙手穿過臀部下緣，這樣不但可以墊高一點對方的臀部，讓妳的頸部壓迫不會這麼大，也可以有支點，手掌也可以空出來撫摸身體的其他敏感帶，是一個一舉三得的姿勢。如果口交的時候，妳常會覺得脖子超級痠，沒辦法維持太久，試著在對方的臀部下面墊一個小枕頭，或是將浴巾摺疊起來，墊在下面也是一個不錯的選擇（圖4-16）。

和指交的概念類似，不論妳用怎麼樣的方式親吻陰部，要達到高潮通常也需要一段時間的醞釀，但

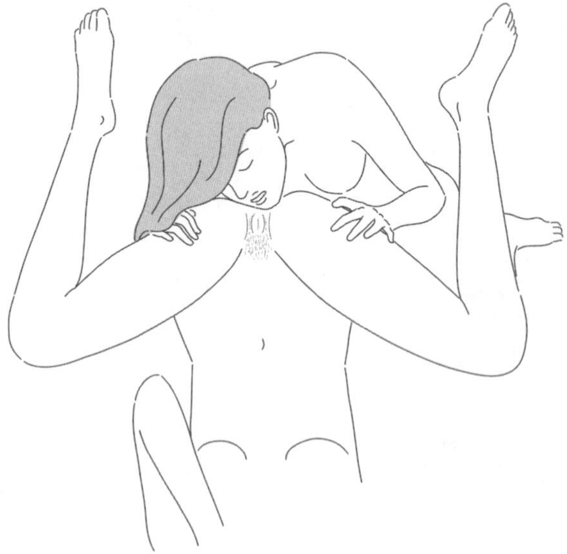

圖 4-16 口交時可將對方的臀部墊高，脖子比較不會痠

因為妳在對方的雙腿之間，通常比指交更能感覺到整個骨盆周邊細微的肌肉運動，妳可能會在親吻陰部一段時間之後，感覺到陰部周邊的肌肉有微微緊縮的反應，這代表妳剛剛做得很不錯，請穩定地持續下去（記得沒電的跳蛋比喻嗎？）。當緊縮的反應愈來愈快或明顯，妳可以加快或加重力道，但請還是維持一個穩定的頻率。

如果妳是被口交的人，也可以不要只是躺著。有些人會覺得口交有點無聊，因為攻方的手能移動的範圍不多，頭也一定要在雙腿之間，好像變化比較少，其實被口交的人也可以用撫摸對方的頭髮、耳朵、雙手來互動，或者是可以用聲音來表達妳的喜歡或不喜歡，當然單純享受被服務的感覺也很不錯啦！攻方也可以一邊親吻，試著一邊發出對方喜歡的聲音，增加感官刺激也滿有趣的；或者變換口交的姿勢，也可以增加一些變化，比如說一方跪在地上幫坐在椅子上的另一方口交（圖4-17，見下頁）。喜歡繩縛的朋友還可以把被口交那一方的手綁在椅背後方，腳也可以綁在椅腳上，或許也別有一番樂趣。

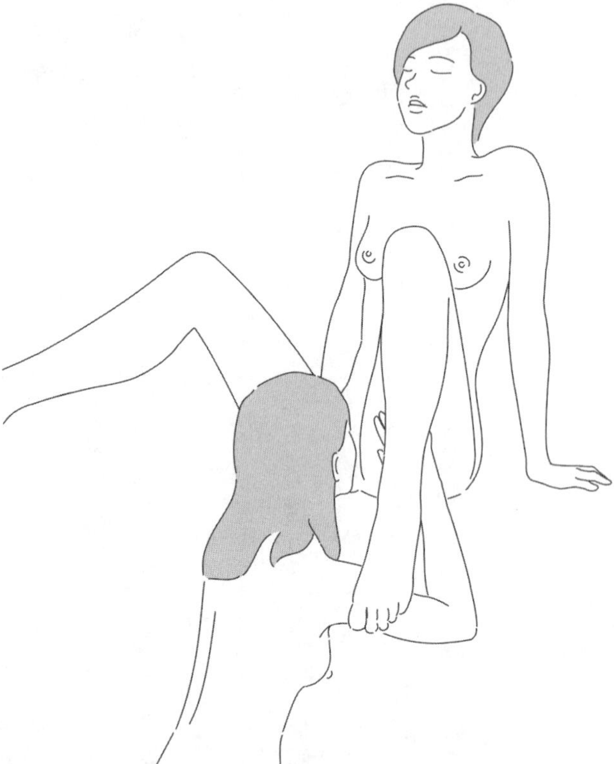

圖 4-17 一方跪在地上幫坐著的另一方口交

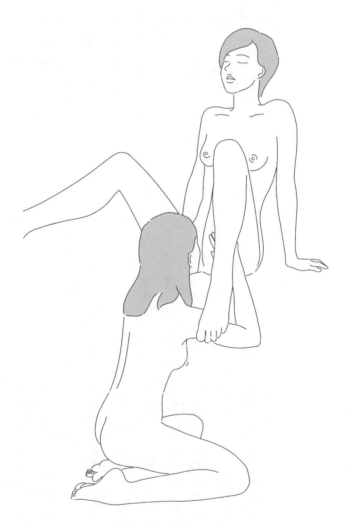

69式

除了一方幫另一方口交之外，還有另一個讓雙方可以同時享受服務與被服務感覺的姿勢，那就是69。顧名思義就是兩個人顛倒過來，同時幫彼此口交。

這個姿勢和一般的口交要注意的事項差不多，清潔口腔、穩定的力道等等。

一般來說，有兩種比較普遍的69姿勢：一方躺著，另一方呈趴跪姿（圖4-18，見下頁），或者兩個人都側躺（圖4-19），在上方的大腿微抬起；或者尋找一些支點撐住在上方的腿，這時就是考驗平常有沒有在鍛鍊肌力的時候啦！一方躺著、一方趴跪的這個姿勢，在上方的人其實會滿累的（比較難高潮的人可能就會更累），所以有空要多運動。有運動有保庇，身體會找到機會回饋一些好處給你的，肌肉也是不會背叛你的啦！

大體來說，女同志的性行為通常是一方先服務另一方，再交換主、被動的角色，也有人是固定的主動攻方及受方。每個人雖然狀況不同，但如果希望能享受同時一起的快感和樂趣，69會是個不錯的選擇。

圖 4-18 一方躺著、一方趴跪的 69 式

圖 4-19 兩人都側躺的 69 式

肛交

說到肛交，當然就不能忘記請教一下男同志達人們。雖然說很多人想到肛交很快就聯想到他們，但其實異性戀或女同志伴侶會進行肛交的比例也不在少數，而且也有男同志之間是不太進行肛交，比較常互打手槍或口交的，所以快點破除一下這個刻板印象吧！

根據「二〇二一拉子性愛百問」的調查，在一千七百二十五人中，有百分之十二的人平常在性行為中會進行肛交，也有四十一人（約百分之二點五）表示肛交是她們最喜歡的性行為模式。肛交最主要使用的「工具」，多數還是手指，也有些人會使用按摩棒放入，但建議不要塞入小的跳蛋、有可能全部進入肛門的情趣用品，或是任何沒有底座的用品，一定要留用品的一段或底座在外面。有電線的跳蛋就有點危險，可能會一時興奮整個被放置進肛門，要拔出來的時候電線斷掉，可能就會登上社會新聞了。

想要嘗試肛交的朋友，平常就可以利用肛塞來練習括約肌的擴張能力，有些人會擔心這樣會不會肛門口逐漸鬆弛，這倒是不用擔心，肌肉只會愈練愈有彈性，不會愈來愈鬆，肛門口還是會維持它原本的功能喔。

如果當天晚上有可能會進行肛交，請在至少一小時前清洗直腸。可以將浴室的蓮蓬頭拆掉，用水管對準肛門，開啟水龍頭讓水輕輕流進肛門、進入直腸的末端。不用灌太多水到肚子都鼓起來，一是因為一般來說，女同志進行肛交較常使用手指，深度不會像陰莖進入這麼深入；二是因為我們只是要將直腸末端殘留的一些排泄物清洗出來，太多水進去壓迫會傷害直腸壁的黏膜組織。將水灌入之後，可讓水在身體裡停留一小段時間，之後就在浴缸或去馬桶將水排出，這樣的程序應該做一兩次就可以了。

另外一個重要的建議是，**不管是手指進入或使用情趣用品，都建議要有指險套或保險套作為保護**。前面有說到，直腸內壁黏膜比較脆弱，手指甲本身或周圍的皮膚如較為銳利，都有可能傷害直腸內壁，加上直腸內和陰道內的細菌菌種差異很大，除非妳百分之百確定肛交完不會再觸摸陰道內部或陰蒂，不然為了彼此的健康，還是強烈建議要使用指險套或保險套。

當然還有另一個重要的東西，就是水性潤滑劑。肛交一定要事前準備潤滑，因為直腸不會分泌潤滑液體，如果潤滑不夠，不但容易受傷，對被進入者來說也會不太舒服。有些人因為沒有準備潤滑劑，就想說去陰道「借用」一下好了，但這樣就會不小心把直腸內的細菌帶入陰道啦，陰道很容易因此感染，千萬要避免。

肛交的姿勢可以採取一方側躺，進入方在背後；被進入方趴下、屁股翹起，進入方採直立跪姿在對方的屁股後面；或是一般躺在床上的姿勢也是可以的。進入肛門之前，可以先在肛門口用手輕輕撫摸畫圈，或者是親吻肛門周邊、臀部的其他部分。通常肛門口因為神經密布，也因為比較少被觸碰，通常會比較敏感，臀部的周圍也是如此。也有些人臀部肉肉區域的某些點是特別的敏感帶，也可以趁這個時候來尋寶探險一下（圖4-20、4-21，見下頁）。

感覺肛門口比較放鬆之後，就可以嘗試將手指或情趣用品置入，等到肛門與直腸末端適應了進入的物品或手之後，就可以開始慢慢滑動或是抽插。記得要隨時補充潤滑，以防乾燥而產生不舒服的感覺。女性對於肛交的快感常來自類似被占有或被充滿的感覺，男性由於有前列腺體的存在，肛交有時可以摩擦到前列腺的部分，因而產生前列腺快感或高潮；根據達人指出，這種高潮比一般的男性射精快感來得更為持久和劇烈，有點類似女性G點的存在，但和G點一樣，也不是所有男性都有機會感受到前列腺高潮的快感。

如果在肛交時，同時用另一隻手或其他的情趣用品進入陰道，這時由於直腸也被充滿而讓陰道壁擴張的空間縮小，陰道也會變得較為緊實，更能完整地摩擦到陰道壁的四周。

磨豆腐

磨豆腐顧名思義就是兩個柔軟的物品互相摩擦，通常是指兩個女生的陰部相互摩擦刺激，以達到性愉悅與性高潮之目的，所以主要的摩擦點通常是陰蒂附近的部位。磨豆腐也

圖 4-20 肛交可採被進入方趴下屁股翹起，進入方採直立跪姿在對方的屁股後面

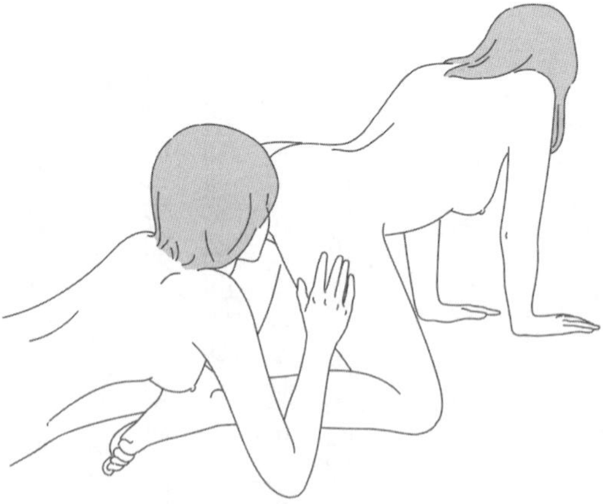

圖 4-21 進入肛門前，可先親吻肛門周圍

是另一種兩個女生雙方可以同時享受快感的姿勢，所以在女同志社群中也算是常見的性愛模式。

首先，兩個人可以先以坐姿面對彼此，慢慢靠近對方，之後試著找到適合彼此的雙腿交叉位置（圖4-22，見下頁）。通常如果在床上有一方採取身體直立的跪姿，另一方可以有一隻腳穿過對方的雙腿中間，然後讓彼此的恥骨面對面，就可以開始嘗試互相摩擦了；當然同時也不能忘記空出不用支撐自己的那隻手，撫摸對方身體的敏感地帶。這時候採直立跪姿的那方，胸部通常會在坐著那方的面前，所以趁這個好機會多品嘗一下胸部的滋味也是很不錯的！

除了彼此的陰部相互摩擦之外，有時候陰部摩擦大腿也很不錯（圖4-23）。不管是雙方一起摩擦，或者是你坐在對方的大腿上摩擦，都能夠刺激整個陰部的敏感處，這個姿勢也很適合坐在椅子上或是床緣進行，讓性生活增添一些場所改變的樂趣。

要提醒的是，比較大範圍的陰部摩擦，對有些人來說會比較容易乾燥，或因為有些人的陰唇包覆得比較緊，如果不將陰唇打開一些，濕潤陰道的分泌物會比較難流出來。一旦缺乏濕潤而導致疼痛，對性行為的進行可能就會很掃興了，所以這時也是很好的時機補充水性潤滑劑，可直接塗抹在陰部或大腿上。記得如果是冬天會比較冰冷，如果不喜歡太冷的感覺，可以在手上搓一下，讓溫度稍微提升一些。

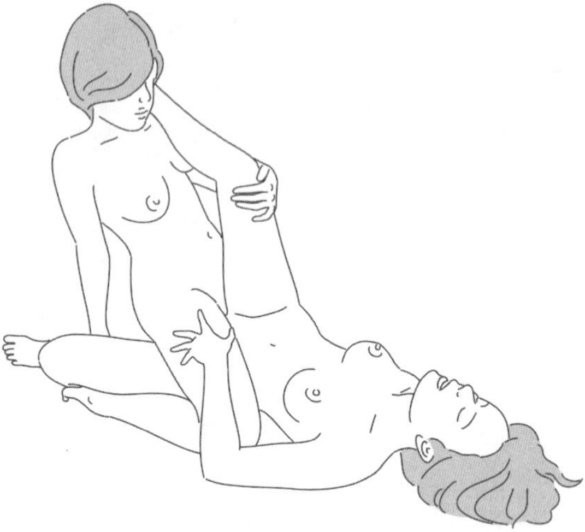

圖 4-22 磨豆腐，一方採身體直立的跪姿，另一方可將一隻腳穿過對方的雙腿中間，讓彼此的恥骨面對面摩擦

圖 4-23 也可坐在對方的大腿上摩擦，刺激整個陰部敏感處

後戲

在翻雲覆雨之後，如達到高潮，女性的感受是會以緩慢的曲線下滑的，像是慢慢爬上山頂之後，再慢慢往下山的方向走的感覺；但也有不少人在休息過後，可以在短時間內又往高峰前去。根據許多男同志與我分享，男性的高潮通常是衝刺百米的感覺，射精之後就會瞬間趨於平緩。但有許多女性在達到高潮後，會比較像全身虛脫的感覺，滿足之後就進入睡眠狀態也是很常有的事情。陰蒂高潮和陰道高潮又有不太相同的感覺，陰蒂的組織類似男性的海綿體，充血之後達到高峰的愉悅感受也滿相似的，但陰道內部每個人喜歡的部位不同，獲得的高潮感也有些許差異。

和異性戀或男同志不同的是，女同志的前戲、中戲、後戲的比例會比較平均，醞釀感覺和彼此愛撫、刺激就可以花上很長的時間，可能高潮後彼此都手痠聲啞想要休息了，但如果能再花點時間擁抱，感覺彼此肌膚的變化與律動，會讓這場性愛更加滿足喔。如果雙方身體因運動而汗濕，可以貼心地抽幾張衛生紙擦拭汗水或潮濕的陰部，或可攜手去浴室沖洗掉身上的潤滑液，幫彼此清潔陰部，再一塊兒乾爽相擁入眠，創造一個完美的句點。

第五章

整個城市都是我的練習場

好好

第五章　整個城市都是我的練習場

在「二〇二一拉子性愛百問」中，雖然大多數的人仍以「自己或對方的房間」為主要的性愛場所，其次是「旅館」與「車內」，但就算在家中，「客廳」和「浴室」也是很常出現的選項。至於如果談到在家以外的地方，「ＫＴＶ／ＭＴＶ」、「車子」、「廁所」、「戶外」也都占有不少的比例。在不同的地方進行性愛練習，常會有不一樣的感覺，也會需要不同的技巧，針對長期伴侶關係的朋友們，更換性愛場所通常也是重新點燃火花的重要守則。這個章節就讓我們來談一下，要怎麼把整個家裡和城市都變成我們的練習場吧！

在家也能很好玩

雖然對方或自己的家裡是最常見的性愛場所，但如果妳和室友或父母同住，可要注意一些喔。實在是聽過太多在「重要時刻」被父母破門而入的故事，雖然有時也會有些刺激感，但如果還沒出櫃，門請記得一定要鎖好啊！或是要搞清楚父母回家的時間，避免在床上與父母面面相覷的尷尬場面。在未預期的狀況下被出櫃，不用說一定會引起一場家庭風暴，如果妳真的遇到這種無預警出櫃的狀況，可先參考書末附錄的同志相關資源來尋求協助。如果妳或她是獨居的話，恭喜妳們，可以獲得一個獨立自由的空間，想怎麼做就可以怎麼做。

．床上

床鋪雖然是我們最常發生性愛的場所，但創造一些和平常睡覺時不一樣的氛圍，對促進彼此的慾望發展是很有幫助的。在沐浴過後，如果妳希望今晚來個美好且放鬆的性愛再入眠，可以換上對方喜歡妳穿的衣服，在房間裡先點上一些放鬆神經的精油蠟燭，可以選擇妳自己或對方喜歡的味道，也可以滴兩滴精油在枕頭上。這時候，妳可以先把性愛過程中預計會使用到的東西準備好放在床旁邊，比如指險套、水性潤滑劑、情趣用品等，或者也可準備好彼此所喜歡的床邊音樂。這些相關的物品平常可以用一個小箱子或小抽屜裝起來，放在床邊隨手可得之處，就不用做到一半又衝去翻箱倒櫃找東西，那可是很掃興的。在床上做愛的好處就是，會比較放鬆，因為是多數人很熟悉的環境，也隨時會有棉被、枕頭等物品可以拿來當作調整姿勢的輔助品，所以如果想嘗試一些高難度的新姿勢，第一次在床上練習一下會是不錯的選擇。做完之後可以去上個廁所，之後就能夠很快地舒適入眠啦！

・浴室

浴室是一個很適合開始前戲的地方，因為女同志一起共浴的機會還滿常見的，可以幫對方緩緩褪去身上的衣物，或一邊隨著衣物掉落之處細細地印上妳的吻，之後開啟蓮蓬頭讓水將身體淋濕，利用身體或雙手幫對方抹上肥皂或沐浴乳，去感受對方身體的曲線和自己的反應，利用泡沫來愛撫對方的身體，會是很親密的時刻（圖5-1）。

這時除了要盡量保持水溫穩定，避免燙到或冷到之外，也要注意沐浴乳或肥皂盡量不要抹到陰道當中。因為陰道一般來說是維持在弱酸性的pH值，但沐浴乳或肥皂通常是鹼性的，其實會改變或影響陰道的環境，造成不適。有時候當下因為有泡沫的潤滑會覺得進出比較順暢，但結束之後就有可能會略感不適，這點要稍微注意。另外，可能有些人會覺

圖 5-1 幫對方洗頭，利用泡沫來愛撫對方的身體，會是很親密的時刻

得，在水裡做愛的時候，水本身就可以提供足夠的潤滑，所以可能就會用比較大的力氣，但其實在水中，水會把陰道用來潤滑的分泌物沖洗掉，造成的摩擦力反而比平常來得大，陰道比較可能因大力摩擦而受傷的，這也要注意一下喔！

·廚房

廚房有時也可以不那麼油膩，而是非常性感的地方。想在廚房營造性感的氣氛，妳可以裸體穿圍裙幫對方準備料理（怕冷的話裸半身即可），或者從背後環抱在準備餐點的愛人（當然同時要注意瓦斯和火燭啊），在她煮飯或洗碗的時候，從背後捧住她的胸部或環抱她的腰，嘴巴可以輕含住她的耳垂或是親吻她的脖子後面，一邊輕輕地和她分享妳喜歡她的話語（圖5-2）。

再來可以沿著脊椎兩側往下親吻，在前面的雙手也可以同時往下移動，來到她的陰部，隔著圍裙或內褲輕輕按壓摩擦陰部。如果是有點喜歡主奴角色的朋友，這時也可以要求對方繼續做原本在做的事情，比如說煮飯或洗碗，不准停下來。這時候可能有些人就不想繼續做菜，而想要轉過身做愛了，看每對情侶喜歡怎麼樣進行，其實都沒有關係。有時這樣無意間的情慾交流，和平常的例行事務交織在一起，高潮反而變得不那麼重要，而是那些貼近和親密的時光會讓人產生無比的思念。所以，可以轉過身去做愛，也可以繼續做菜，吃飽了、有力氣了，再展開一場大戰也無妨。

圖 5-2 在對方煮飯或洗碗時，從背後捧住愛人的胸部或環抱她的腰

．餐桌／辦公桌

相信很多人看A片的時候，對於那種不顧一切把東西掃到地上去，然後一方把另一方抱到桌子上去做愛的場景一定不陌生吧？但在自己家裡有時候就不免會有「啊……等一下還要自己把東西收乾淨，好像很麻煩」的感覺。所以我建議，最好的時機就是剛把桌子收好的那天，比如說妳剛好大掃除完，或是煮完飯擦好、整理好桌子時，應該就是一個最佳良機。平常就可以確定一下妳家的桌子到底穩不穩固，如果是大型量販店所販售的折疊麻將桌，我要強烈呼籲大家，生命安危還是比做愛重要啊！

桌子的好處在於，可以進行一些平常在床上不太會操作的性愛姿勢，通常如果受方坐在桌子上、攻方坐在椅子上，攻方可以用指交或跪在地板上用口交，對方的身體反應就能一覽無遺（圖5-3）。或是當受方躺在桌子上，可以想像她是一道美味的佳餚被端上桌來，等待著妳的品嘗，或真的準備一些食物或醬料塗抹在她身上再緩緩地吃乾淨，也是另一種不錯的選擇。

有些人肌膚比較敏感，桌子可能會略微冰涼，鋪上一層薄被或床單也是不錯的選擇。另外，桌椅一起排列組合，也可以有不同的搭配姿勢，比如說：一方坐在椅子上，將雙手雙腳捆綁於椅子後背以及椅腳，另一方坐在桌上，把雙腳踩在對方大腿上，喜歡主奴角色扮演的朋友，應該會滿喜歡這類的姿勢。

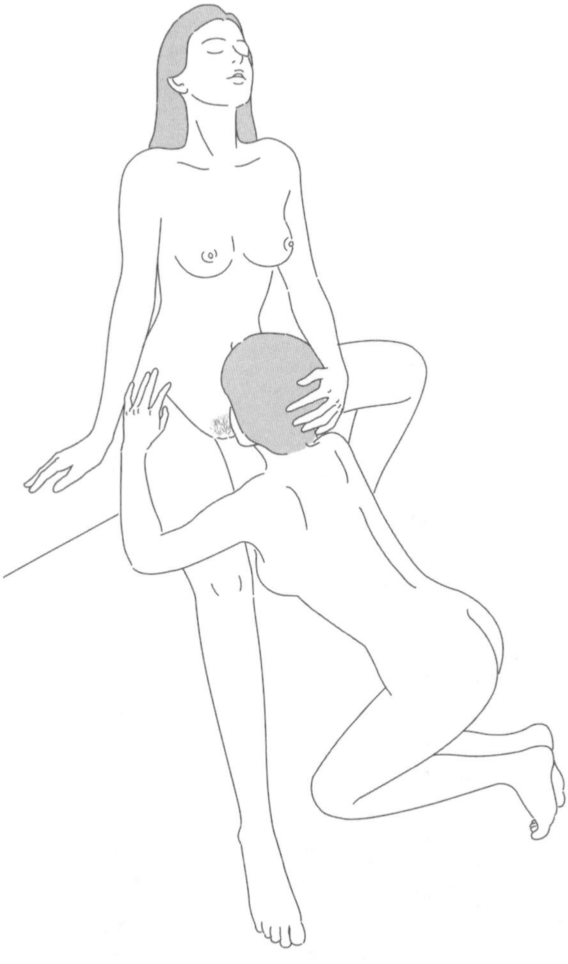

圖 5-3 受方坐在桌子上，攻方可跪在地板上幫對方口交，變化一下在床上不太會採取的性愛姿勢

出門尋找刺激去

家裡就這麼丁點大，場地更換的機會也有限，加上如果還有同住的家人或室友，在家中改變做愛場景的機會其實也大大下降了許多。在這樣的狀況下，出門去或許還有比較多的選擇空間，不管是開車出遊時在車上親熱一番、去露營搭帳篷感受天地合一、在海邊伴隨海浪的聲音一起高潮、轉戰公廁不但快速解決又刺激，或是住到這幾年很流行的Motel，都能讓性愛生活增加不少變化和趣味喔！

・車上

我曾聽過一位知名兩性作家受訪，她對於先生和其他女性的互動持相當開放的態度，唯一會介意的，就是先生和其他女性單獨在車上的狀況，她覺得沒有辦法接受。她的說明是，在這樣的密閉空間中，兩個人之間的感受會被隔絕在整個世界之外，如有微薄情愫可能會因此放大，感受也會變得更加明顯與強烈，而她不想挑戰人性，所以還是明文規範：沒有她的同意，先生不可以相載其他女性。

車子內的空間，的確如這位兩性作家所說的，是一個很「神奇」的空間。不知道大家有沒有在車子裡和伴侶吵架的經驗？有時在車子裡氣得要死，但出來之後看看其他地方想想，好像也沒有這麼嚴重。我想這樣的密閉空間，的確在某個程度上會放大人的情緒，那麼換個角度看，同時也可放大情慾唷！

車子某個程度上雖提供了必要的遮蔽，但也同時具有一種半露天的效果，這樣「一兼二顧」的場所，也因此成為許多人在戶外做愛的第一選擇。如果妳不是想邀請眾人一起觀賞妳的性愛過程，建議車窗還是貼上隱蔽性稍微高一些的隔熱貼紙，或者驅車前往較少人來人往的景點。

在開始前戲之前，為了大家和四周民眾的安危，車子一定要停留在熄火狀態。雖然我也了解有些人在車子行進過程中，在這樣密閉的空間裡，情慾的流轉可能已經讓彼此的火花噴發到無法控制，但還是要叮嚀妳，行進中真的相當危險，如果慾火難耐，到高速公路旁的休息站順道休息一下也挺好的。

在車上有很多種不同的開始方式，兩個人分別坐在駕駛座與副駕駛座，有點身體的距離之後再將其中一人拉靠近過來，或兩個人同時躺在後座交疊，都有不同樣貌的性感喔。有朋友曾分享經驗，把受方用安全帶扣住不讓她移動，一方面可利用安全帶來凸顯胸部形狀，另一方面也有壓制與被壓制的快感，如果還想再進階一些，也可將雙手翻起綁在椅子靠背或車門把手上。各種創意選擇，就交給客官們自己挑選啦！

在車上的空間有限，準備兩個大抱枕，平日可放在後車廂或後座，有需要的時候就能拿來調整姿勢和身體受力的支點，避免裸體的時候扭傷送醫的窘境。車子後座和一些收納的小抽屜，平日也可準備指險套或小包裝的潤滑液備用，但要注意，如果平常會把車停在大太陽下，套套和潤滑液都有可能受影響而產生化學物質，所以這種會接觸到敏感陰部的物品還是收納在陰涼處為佳。

・公廁

女同志的典型性愛過程，往往不像異性戀或男同志可以速戰速決，我目前聽過最快的經驗從開始愛撫到高潮結束是十三分鐘（很精準吧，我也不知道她是怎麼計算的，姑且就讓我們相信這個數字吧）。一般來說，二十到三十分鐘大概是一個還算平均的時間，因此，挑選一個乾淨且人不多的廁所，對想挑戰公廁做愛的女同志來說是萬分重要。

乾淨，是因為女同志最普遍的做愛方式是指交，在外面的公廁做愛難免會靠左靠右，摸東摸西，雙手和後背碰觸到隔間裡的牆壁或馬桶都在所難免，如果這時再放進陰道中……我們都知道會發生什麼事情（哭哭），這時最重要的工具——指險套就能夠派上用場了。至於為什麼要人不多呢？考量到女女性愛需要的時間長度，為了避免大家被排隊的廣大尿急女性朋友們狂瞪，這個部分也是要稍微注意一下的捏，畢竟女廁的設置數量常常太少，如果一間廁所裡面只有兩個隔間，一間還被妳們慾火難耐地占據了三十分鐘，我想天怒人怨也是很正常的！

和其他場所最為不同的是，在公廁多數人應都是採站姿做愛，和躺下相比起來身體會比較緊繃一些，加上隔間外時常有人，時常得控制聲音，對許多人來說緊張和刺激感也是一種促進興奮的方式。這時如果想嘗試口交或穿戴式情趣用品，也是一個不錯的選擇，一方面可避免手指帶來細菌感染，一方面也可以嘗試不同於在房間床鋪上的姿勢來進行。穿戴式情趣用品可套在原本的外褲外面，記得幫它套上保險套隔絕細菌，受方可面朝隔間牆壁、微彎腰靠在上面，攻方從後背進入，雙手也可環繞撫摸受方的胸部或身體其他部位。結束後記得要脫下、放回包包裡再出隔間，不要急著出去就忘記身上裝了其他東西呀。

．野外／海灘

山海之間的情人浪漫在很多電影中都已描繪得讓大家心生嚮往，可能很多女孩心裡都有好夢幻的想像，想在沙灘上和情人一同奔向夕陽，在林野間和情人玩捉迷藏的遊戲，兩個人前後追逐，後來就擁抱在一起滾向海中或草叢，一時間天雷勾動地火──等等，在天雷勾動地火、一發不可收拾之前，妳可能會先經歷台灣滿地垃圾的沙灘或山林，可能會有喝完的酒瓶、吃完的關東煮碗（畢竟我們是便利商店數一數二密集的國家）、插在土裡或沙裡的單根筷子或食物塑膠袋。台灣人口稠密，很少有遊憩場所是人煙稀少的，只要想想夏天的墾丁南灣、花蓮太魯閣公園或太平山的健行步道，我想妳就可以理解我的意思……這時候，帳篷就可以派上用場，既可以維持在野外的氛圍，也可以保有一絲的隱私，所以大賣場在特價時，就可以多一個理由去搶購啦！

由於我們多數的時間都是在封閉的空間做愛，雖然很有安全感，但也是一個和世界隔離的環境。許多人認為在海灘或山林間做愛，和環境接近、天人合一的感受，會為性愛帶來很不同的體驗和層次。加上不同於床單或地板單一質地的表面，有別於與長期伴侶關係之間制式化的愛撫，海灘或草地帶給人自然的撫摸和摩擦，也會有不同的感受。但粗糙的沙粒或者野草，如摩擦到女性的陰部或陰道其實也會是很大的傷害，不要以為會有顆粒狀保險套的功用，等到妳痛到打滾可就來不及了。所以，如果要以沙灘或草地作為天人合一的場景，一條大浴巾或者野餐墊可以減低很多的不適，讓性愛可以順利進行，不至於敗興而歸。

和前幾個場景相同的是，指險套和潤滑液體，可以在一些重要時刻派上用場，尤其是在海邊。富有鹽性的海水不但會把女性體內的潤滑液體沖掉，進入會有澀澀的感覺，也會對陰道內部造成過度刺激，所以盡量避免在海水中進入陰道；如真的非常想要在海水中進行親密的性行為，請以撫摸陰部外側或按壓陰蒂為主。如果想在海水中擁抱或愛撫，記得帶個大一點的救生圈，可以把兩個人都套住以策安全。

摩鐵放膽玩

這幾年台灣的Motel愈來愈多樣化，也走向了國際化的口碑，我有很多國外朋友，來台灣都特別指明想要去住住看Motel，聽說「很厲害」，很想見識看看。過去那種髒髒、黑暗又隔音不好的偷情想像，已經和現今的Motel愈來愈不會被聯想在一起了，台灣的Motel真的是把旅館業和設計業結合在一起、發展到各種想像的極致。現在的Motel通常都有幾個不會缺少的主打重點：超大的浴缸（石砌或按摩型，大到可在裡面游泳）、浴室一定會有液晶電視和蒸氣室、空間都大得可以奔跑翻筋斗、King Size的床加上好多枕頭、四十二吋液晶電視加環繞音響、有很多A片可以選擇（雖然還是都只有給異性戀看的種類）、從頭到腳的貼心盥洗沐浴備品，還有小點心和泡麵（不過這幾年已經有很多家都取消了泡麵，只放餅乾和零食），而且服務態度通常都很好，讓人覺得自己是超重要的客人，完全就是連一卡皮箱都不用就可以輕鬆入住啦。甚至近年來也常在網路住宿心得中，看見有夫妻兩人帶著小孩去Motel放鬆享受一下，全家人可以一起泡澡、在床上打滾，真的是闔家光臨、和樂融融！

・Motel到底是什麼？和Hotel又有什麼不一樣呢？

在台灣，Motel也稱為摩鐵，是指有獨立的一房一車庫，具高度隱密性質的住宿旅館。車子通常是直接從大門口遇到接待人員之後，拿了房卡即可直接開入房間所附設的停車位，關上車庫門，就不會與其他投宿的客人正面相遇，也不會遇到其他的房務人員。Motel的特點，最重要就是「隱密」，在門口收錢的櫃檯人員通常是你唯一會遇到的工作人員，房務清潔人員通常會由另一個通道進入打掃，或在顧客check out之後才會神祕地出現，至於客房服務或服務生送早餐來，則通常會放在車庫或房門口，接著打電話通知妳去拿取，簡直就像忍者一樣來無影去無蹤，非常神祕！

有些Motel過去為了杜絕多人偷偷入住的狀況，會限制一房最多兩人入住，或限於一家人帶小孩，但現在有些Motel也會有商務房型，可住四人至六人，裝潢會稍微簡單一些，多數會使用公共車位。

至於一般的Hotel，會有比較寬敞明亮的大廳與接待區，提供給顧客check in，停車場常統一設置在地下室或旁邊的空地，有時還有泊車服務。Hotel會遇到比較多的服務人員和顧客，但也可使用飯店所附設的相關設施，如：健身房、游泳池等。

有些朋友沒有開車，會擔心是否騎機車或走進Motel會很奇怪，事實上Motel沒有規定得開車才能入住，要騎機車、腳踏車、滑板車、溜直排輪，或用雙腳走路都是沒有問題的，只要有付錢都可以唷！

·休息？住宿？該怎麼選擇呢？

Motel和Hotel另一個比較不同之處是入住的時間，Motel通常有分休息兩小時或三小時，根據房型的不同，費用三百到六百元不等，可再加一小時。休息和住宿的差異只有在時間長短，房間內部的設施則是完全一樣的。

如果是住宿，多數Motel的住宿價錢都是以十二個小時來計算，有別於一般的旅館或飯店，是下午三點後入住，隔日中午前退房，使用房間的時間約莫二十個小時。由於Motel每個房間和一般飯店相比起來，內部空間都較大，加上必須一房一車庫，房間數沒有辦法像大飯店那麼多，所以「翻房率」就是Motel主要的收入來源。因此，如果是第一次要在Motel住宿，要先問清楚計時方式，免得早上七點被通知要退房，感覺很掃興呢！

至於要不要預約呢？大多數的Motel休息是沒辦法預約的唷，只有住宿才能夠預約。也有些熱門的Motel，週末的時間甚至無法預約訂房，要現場登記排隊，有時晚上九點後才會開放入住，這點也要納入旅遊考量之中，以免規劃好的行程又臨時生變。因為預約上的門檻，關於房型的選擇，最好在網站上先決定幾種妳有興趣的房型，因為到現場生變機率滿大的，空房狀況多數時候接待人員也無法掌握，特定房型的數量可能也不那麼多，所以多選幾個備用也是重要的技巧。

如果沒有住過Motel，想第一次嘗鮮看看，或是想去沒去過的Motel瞧瞧，先花一點少少的錢休息幾小時，會是一個不錯的選擇。不過有許多的經驗告訴我們，休息的時間對異性戀情侶來說或許已經足夠大戰數回，但對女同志伴侶來說可能只是剛剛好而已。兩個小時的時間，花在營造氣氛、呢噥軟語的聊天、從開始前戲到認真的性愛過程，大概已經花去一小時半了，只能說女同志的錢太難賺，如果只做女同志的生意可能翻房率會超低，所以大家可以自己評估一下所需的時間。或者選擇休息的話，可以單純進去觀光一下，泡泡澡做做體操、在床上翻滾親熱一下。有個朋友也曾和我分享，在台北因為雞犬相聞，前後鄰居大家相親相愛地聊天，讓她在家裡實在太難熟睡，所以有時候她會選擇去Motel泡一場舒爽的澡，在無人打擾、完全黑暗的空間裡好好睡上兩三個小時……這也算是一種另類的選擇啦！

近年，在Motel開派對慶生或唱歌慢慢開始流行，除了和另一半度過一個浪漫有情趣的夜晚之外，邀請幾名好友一起去唱歌或辦生日派對也是另一種Motel的新興體驗方式。可查詢一下妳喜歡的Motel有沒有類似的歡唱專案，通常這類型的方案就可以多些人進房（通常是六至八人），不受限於原本一間房兩人的規定，或者也可只唱幾小時而不住宿，或住宿但可唱通宵，跟去KTV相比起來便宜許多，又可以帶自己喜歡的食物入內，也是另一種省錢又有趣的選擇喔！

．第一次去Motel前，該做些什麼功課呢？

妳可以參考ＱＫ休閒網（http://www.qk.to）、ＰＴＴ的Motel版來了解各地的Motel狀況，或透過各大飯店的訂房ＡＰＰ一探究竟，不管是新開的、受歡迎的、有在特價的或者是讓許多人念念不忘的，都可以參考其他網友的經驗來選擇。現在各城市新開的Motel通常都有一定的水準和品質，但有些設備稍微舊一些，或是只更新某幾間房的Motel也不在少數，可以盡量蒐集資訊，詢問網友意見之後再行決定。

各Motel官方網站上的房間價格常都訂得相當高，第一次查詢的朋友可能會嚇到，覺得這常人怎麼住得起啊！其實Motel的訂價策略很有趣，通常會有原價、平日、假日三種不同的價格，要住到原價房的機會應該不高（過年或重要節日，例如情人節可能會較接近原價），平日的價格有時候可以折扣到約原價五折左右的金額，假日大約是七折左右，決定之前可以打電話去跟接待人員確定一下唷。ＱＫ網上也不定時會有優惠券可下載使用，或一年一度的旅遊展也常會有套裝行程方案，可趁那時候去撿便宜！

終於百般比較後，決定了要去住哪間Motel，到了大門口櫃檯，可直接報上預訂的名字，或要求看房間照片當場選擇房型。登記了身分證件，拿了感應卡／鑰匙之後，沿著指示看到閃爍或亮著的門號即可進入車庫門內，記得把車庫的門關上喔（開關通常在車庫的牆

好好

上，左右尋找一下即可）。入住前，如果你的房型是有附設DVD機、KTV歡唱設備或Wii遊戲機的，記得詢問櫃檯是否需要另外拿相關的遙控器。早餐的部分每家規定也不同，有的汽車旅館有附設餐廳，或可選擇送至房間門口，也有的是有合作的餐廳，必須走到附近去用餐，都建議事先確定一下。

基本上，Motel裡「只能單次使用」的任何東西，妳都可以帶走，但「可重複使用」的物品，可千萬不能帶離旅館喔（不然很可能會有警察杯杯來敲妳家的門，到時候全家人都知道妳從Motel裡不小心拿了些什麼東西……）。所謂「只能單次使用」的物品，包含：浴室的各種沐浴用品、冰箱裡的舒跑或可樂、來X客泡麵、糖果餅乾巧克力、保險套或指險套等。和Hotel不太一樣的是，有時候飯店的Mini Bar是要收費的，Motel則完全不需要再額外付費，但如果是熱水壺、毛巾、拖鞋、棉被等東西，應該不需要我提醒，是完全不能帶走的唷！

・聽說Motel裡常有八爪椅？

Motel裡有些情趣家具，是一般人在家裡不太有機會購買入手的，比如：八爪椅、水床等，不過現在由於業者都逐漸重視高雅或低調奢華的設計感，或是主題式的房型規劃，擁有情趣家具的Motel已逐漸不多見，或者會將其包裝在裝潢設計中，和過去比較直接坦露在外的情趣氛圍已逐漸不同。但依然有許多人希望可以尋找看看有八爪椅的房間「朝聖」一下，畢竟平常並不多見。

基本上，不論是八爪椅、水床或是無重力椅子，大多是以讓抽插式的性交姿勢更省力為主，其次是可以有比較省力的口交姿勢，情趣家具有的還會具備按摩或震動功能，一兼二顧，可以順便按摩舒緩一下全身緊繃的肌肉。也有的設計會搖晃，在抽插或口交時，攻方就不用太辛苦啦，只要維持差不多的姿勢，或坐在前方附的小椅子上而不需移動，讓情趣家具來代勞即可，不但省力還可以將受方一覽無遺！

水床和無重力這兩者都是利用自身材質（水或彈簧）的反彈力，來讓性愛過程中的施力能輕鬆一些。較小的水床常設置在Motel的超大浴室中，有時上方天花板會有一個很大的花灑器，性愛的同時還可一邊享受水柱的SPA衝擊。由於水床跟一般的床相比起來，彈跳力比較好，在晃動的時候，也可以比較用力但又省力。也有的業者會主打睡覺的大床是溫控水床，不但做愛省力，還可以溫暖兩個人的身體，不過使用過的朋友都說，睡起來太晃了，其實睡不好，所以或許嘗鮮即可。

至於無重力椅子，通常是做成凳子的形狀，坐的地方則是使用彈力帶，受方可以坐在上面搖動身體，攻方可以躺在椅子下面口交或進行抽插的動作，或者是趴在上面臀部提高，讓彈力帶支持身體的重量，攻方就可以把雙手空下來轉移到其他身體的敏感地帶，增添刺激感囉！

其他小提醒

大多數的摩鐵基本上不太會收單人顧客，或者可能會針對單人顧客詢問比較多的問題。由於之前有些民眾隻身前往Motel結束自己的生命，業者們也從此心有餘悸，尤其是單身女性，許多業者都曾表示不會讓單身女性入住，這當然也是某種的單身歧視啦，不代表妳不能去爭取想獨自入住的權利，只是要有心理準備會面對比較多的問題喔。

如果是妳先到達旅館，另一個人會晚點到，可在入住時直接通知櫃檯「稍等有訪客」，因為車庫通常沒有門鈴的設計，兩個人不同時間入住的話，可由櫃檯直接打開車庫門，或由櫃檯通知妳，由妳自己來開車庫門。如果不想自己又跑出來一趟，可告知後來的朋友房號，因為櫃檯都是認房號，不是認名字或車牌的，這一點也要注意唷！

至於女同志入住的問題，基本上摩鐵業者對於兩個女生／男生入住是沒有什麼意見，畢竟開門做生意大家和樂融融比較重要，一般人對於女同志也沒有什麼瘋狂玩樂的刻板印象（但其實也是有很放得開的女同志呀，大家都誤會啦，嘿嘿！），兩個女生入住基本上不會被刁難或拒絕。但之前也有發生過一些摩鐵工作人員入侵房間的社會事件，建議進入房間門之後，雖然感覺很隱密，還是要盡快放下車庫門，內門上鎖，才能避免有人跑錯房間，或是開錯房門的尷尬事件。通常沒經過客人同意，櫃檯是不能自己打開車庫門的，如果有發生類似事件，請趕快和業者管理人員反映。

第六章

女同志性玩具

好好

第六章　女同志性玩具

「女同志想要什麼情趣玩具？」如果有人問我這個問題，我對情趣玩具的第一個也是最重要的要求就是：千萬不要！千萬不要！千萬不要給我陰莖造型的情趣用品（很重要所以要說三次）！我相信有千千萬萬的女同志跟我有相同的期待和要求，其實有滿多的異性戀女性也有相似的感覺，畢竟陰莖造型的情趣用品，不但要常想辦法藏起來，令人缺乏多元的想像力，擬真的睪丸形狀我也不知道為什麼要存在，裡面也沒有真的陰囊和產生精液的功能……

性玩具——情慾的無限可能

其實這幾年世界上的情趣用品產業已經非常地蓬勃發展，甚至有許多按摩棒或陰部震動器都得到工業設計大獎等殊榮，許多針對女性所設計的性玩具，也貼心地將色彩或形狀設計成女性會喜歡的輕時尚風格，不但攜帶方便，也兼顧隱私性，甚至還有做成口紅形狀的小型跳蛋，或是給遠距離情侶使用的遠端遙控玩具，相當貼心。現今情趣用品在各種創意的發揮下，不再只有單一的男人陰莖或女人陰部的想像，這也同時提醒了我們，情慾有無限可能，端看妳怎麼發揮腦袋中無限的想像力。

有很多人對於女同志性愛有錯誤的想像，常以為女同志的性生活一定要使用性玩具才能獲得滿足，或使用性玩具的女人一定很「飢渴」、「變態」，這反映出多數人對於性的想像實在太過單一貧乏，總是覺得只有「進入陰道」才是性愛，或慾望只能是某種樣貌，而非多元呈現。其實就算在一男一女的性愛關係中，陰莖進入陰道的劇碼也不該是永遠的主角，性愛過程有太多種排列組合可選擇，而性玩具在女同志的性愛關係中，也是一種提供多元選擇的方法。

在「二〇二一拉子性愛百問」超過一千七百份的調查中，有約六成受訪者表示平常會使用性玩具，從未使用性玩具的受訪者近四成（表8，見下頁）。未曾使用性玩具的受訪者中，覺得「雙手萬能」的朋友占最多數（百分之五十七），其次為「不方便取得」（百分之二十七）、「怕被家人、伴侶發現」（百分之三十二）、以及「價格太昂貴」（百分之十六點八）（表9）。而最常使用的性玩具分別是跳蛋（百分之六十九）、按摩棒（百分之六十三）、穿戴式按摩棒（俗稱假陽具，百分之四十）、雙頭龍（百分之七點四）（表10）。對於使用性玩具的態度，受訪者中有百分之七十四點四覺得「性玩具很正向」，有百分之二十三點四認為「視情況而定」，但也有百分之二點二的朋友表示「覺得負面」（表11）。

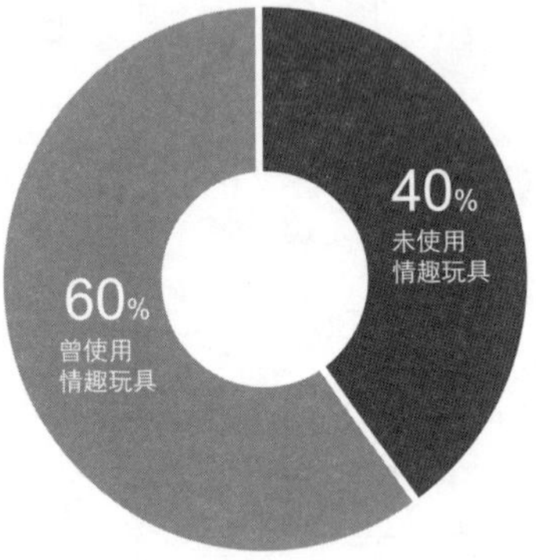

表 8 台灣女同志使用情趣玩具調查

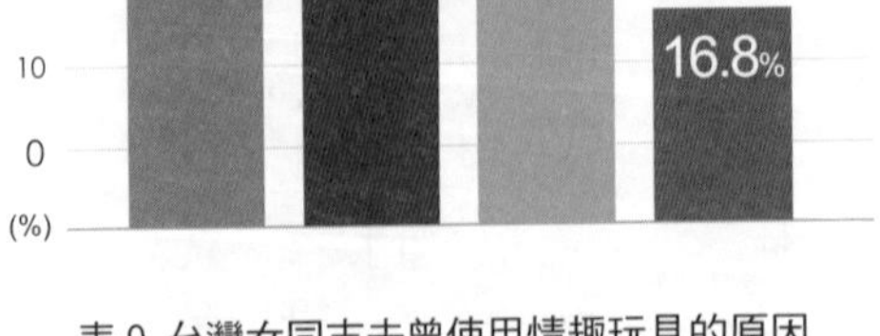

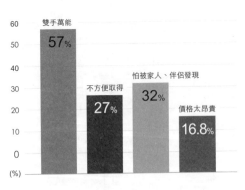

表 9 台灣女同志未曾使用情趣玩具的原因（可複選）

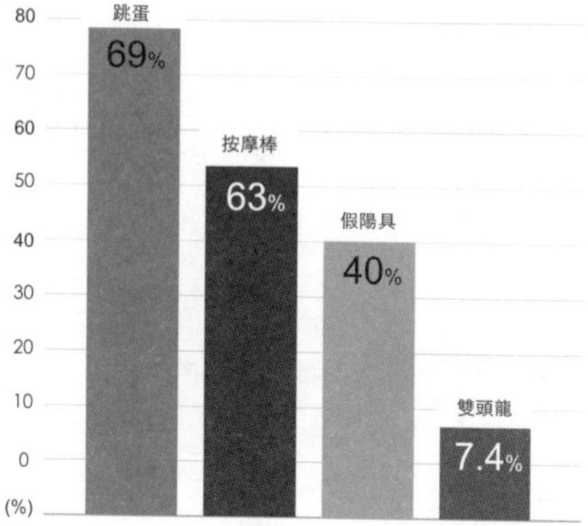

表 10 台灣女同志最常使用的情趣玩具（可複選）

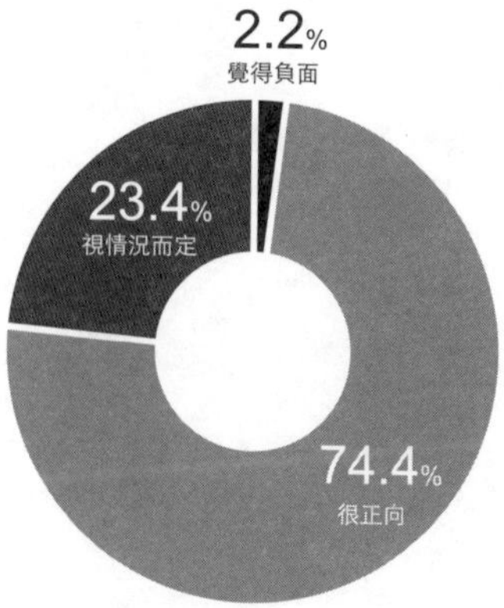

表 11 台灣女同志對使用情趣玩具的態度

這個統計數字和十年前相比起來，有大幅度的差異，覺得「性玩具很正向」的受訪者增加了百分之二十，「覺得負面」的減少了百分之六，我私自猜想這跟社會逐漸開放，對情慾探索有更長足的接納有很大的影響。而有些受訪者留言表示，覺得情趣用品「很噁心」、「不太舒服」、「感覺很怪」、「很假」、「為什麼要靠玩具？」，但同時也有受訪者表示玩具「拯救了她的性生活」、「好玩」、「體驗人體做不到的境界」、「可以和另一半一起高潮很幸福」。

然而，性玩具終究只是個物品，而這個物品可能比另一半（不論是男是女）還容易帶給女人性高潮，或者有些女人對於性高潮始終一知半解，甚至對於高潮覺得不安。人們對於這個物品的想法，或對於使用這個物品的人的想法，其實都來自於自己過去相關經驗的投射——可能妳曾在A片中看到男優拿著性玩具凌虐女優的身體，或者曾聽過另一半說這個很噁心，抑或是有些人隱隱地認為只有自己不行的人才會使用情趣玩具，或擔心另一半愛上按摩棒就不再需要她了。其實沒有溫度的玩具當然比不上真實溫潤的肌膚相親來得令人心神蕩漾，當我們害怕自己不足或不被對方所喜愛的時候，記得玩具就只是玩具，無法提供溫度，也沒有辦法與人情感交流。在性愛過程中，你的情人或伴侶，還有妳自己才是永遠無法取代的。

情趣用品對許多人來說，除了能讓性生活增添變化之外，當然也有「不求人」的功用

——有時候想抓背，但柔軟度沒有這麼好，只好拜託別人幫忙抓一下，但如果沒有比較熟識的人，把背一下子露出來給別人看好像也滿尷尬的，這時有個抓癢的不求人就覺得一切舒爽許多啦。「二〇二一拉子性愛百問」的調查同時也反映出這樣的狀況：一般女同志最常使用性玩具的時刻（表12），分別是自慰時（百分之六十四點八）和做愛時（百分之六十六點六）。至於會使用性玩具的最主要原因（表13）是「增添性愛的變化」（百分之

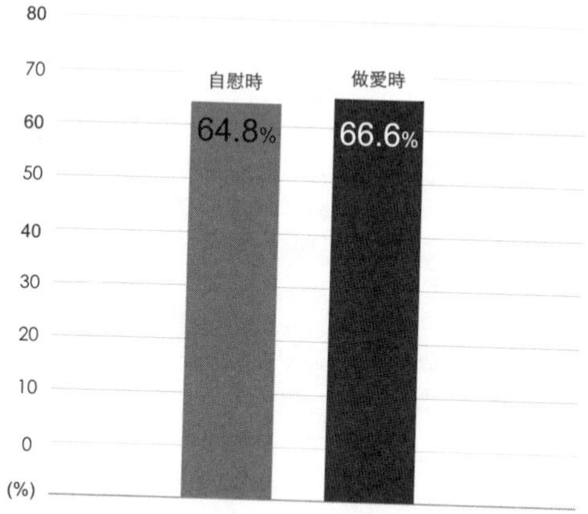

表 12 台灣女同志最常使用情趣玩具的時刻（可複選）

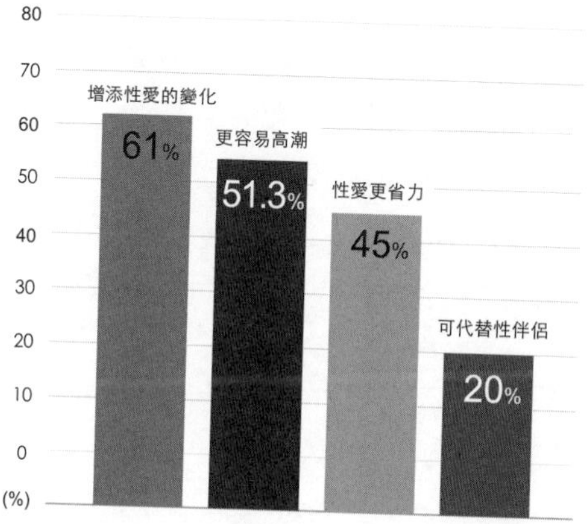

表 13 台灣女同志使用情趣玩具的原因（可複選）

六十一），其次分別是「更容易高潮」、「性愛更省力」以及「可代替性伴侶」。情趣用品多數都會針對不同的部位，有各種不同樣式的震動功能，主要是刺激敏感帶或陰部之用。不管妳對性玩具的想法為何，先拋下那些成見，打開心胸，以下就慢慢跟大家介紹囉！

性玩具挑選條件：

・喜歡怎麼樣的外型：擬真？流線型設計感？可愛動物型？
・想針對哪個部位使用：是要震動陰蒂、進入陰道，或是刺激G點？
・震動的聲音：會不會太大或很惱人？要先聽過以後再選購。
・力道：要多大力多小力？太大力會讓末梢神經麻痺，太小力又會沒感覺。
・喜歡有不同的震動和速度模式（有些跳蛋或按摩棒的震動有節奏起伏，甚至還可接上手機隨著音樂配合震動，有些按摩棒還有扭動的模式），還是喜歡一兩種穩定的速度即可？
・要隨身攜帶型、防水可在浴缸玩耍型，還是放在家裡？或是要能遠距操作？
・喜歡充電式（比較環保），還是用電池（沒電的時候趕快換就好）？
・有多少預算？在預算內有品質比較有保障的選擇嗎？

性玩具哪裡買？

目前在台灣比較常見的購買方式多是網路選購，許多大型的情趣用品網購區也都有設置男男或女女的性愛玩具特區，或在同志書店多數也會特別為客人挑選比較適合男女同志使用的性愛玩具。網路購物的優點是方便快速，保密也做得很好，外盒包裝通常看不出購買的物品為何，但缺點是看不到實品，有時觸感或尺寸跟當初選購時想像的會有所不同，雖然也都可以退貨，但就多了一道手續。

台灣一般的情趣用品店面常裝潢得比較陰暗，或打造成女性可能會覺得沒這麼舒服的單一情色氛圍，造成許多人踏入店面的心理障礙，所以大家通常會選擇網購；且現在網購速度也很快，一天左右通常便可以拿到商品。但如果有機會去到歐美地區，尤其是同志文化蓬勃發展的美國洛杉磯、舊金山、紐約等地，或荷蘭的紅燈區、澳洲雪梨市區以同志商店著名的牛津街等，當地的情趣用品店常常很精緻多元，店員都會非常專業地提供商品資訊讓客人參考，也可親手親眼體驗一下各種樣式、各種價位與不同用途的情趣用品，可以大開眼界一番。

好好

清潔與保存

- **避免與他人共用情趣玩具**。和牙刷與其他衛生用品一樣，為了彼此的健康，最好每個人都有自己專屬的玩具。
- **記得在使用玩具時套上保險套**。有滿多女同志家裡不一定會隨時準備保險套，其實大多數的情趣玩具外都可套用保險套來隔絕細菌，從跳蛋到按摩棒到穿戴式假陽具，伴侶間換人用的時候記得更換保險套。
- **每次使用完應立即清洗乾淨，避免滋生細菌**。如果妳或對方因乳膠過敏無法使用保險套，記得換人使用前一定要再次清洗乾淨。
- **注意材質與設計**。如標明完全防水，大多可直接水龍頭沖水使用中性清潔劑清洗。現在德瑞美日荷各國情趣用品設計大廠，多數都選擇使用醫療矽膠材質與內建充電電池，但依然有許多使用電池的玩具不能碰到水，只需清洗會接觸到身體的部分即可。或者，用肥皂水沾布或酒精棉片擦拭也是針對無法碰水的玩具不錯的清潔方法。
- **不要因為擔心不夠乾淨，就使用菜瓜布或鋼刷等硬材質的清潔用品**，如此反而會讓玩具表面產生更多刮痕，之後就更容易堆積細菌和髒汙。用海綿或雙手沾濕，使用沐浴乳或肥皂等中性清潔劑即可，也要避免使用高濃度清潔劑等過於刺激的清潔用品。

・**洗乾淨的玩具，可放置在適當大小的夾鏈袋中**，收納在床旁邊的抽屜裡，保持乾淨，下次如果急著想使用，就不用又花一道工去清洗晾乾了。但如果很長一段時間沒使用，在用之前還是要拿出來清洗一下喔！

第一次嘗試

情趣用品初心者或許會覺得玩具很怪很人工、不知道怎麼使用、覺得害羞尷尬，最好的方式莫過於親身體驗，強過於任何人給的任何建議。第一次嘗試可從比較初階的跳蛋、陰部按摩器或小型的按摩器著手。妳可以先好好端詳手中的情趣用品，如果是要和情人一起使用，一開始就要挑選兩個人都喜歡的外型，畢竟是要和妳們有親密接觸的物品；如果是自己要用，那就簡單多了，找個妳看一眼就喜歡的準沒錯。

妳可以先打開玩具的震動功能，稍微了解一下震動的模式和強度，把玩具輕靠在妳的肌膚，感覺一些震動，然後逐漸加強，尋找妳自己喜歡的頻率。接下來，靠在脖子上的敏感地帶，再來可沿著乳房、乳頭、大腿根部、內側等部位，感覺如何？喜歡？覺得奇怪？想再加強？或者喜歡再微弱一些？

接著可以慢慢將玩具放置到陰部周圍，切記不要馬上觸碰到敏感的陰蒂本人，先輕放在陰部周圍，適應之後可慢慢加強震度，或者用妳的手施加一些壓力在妳喜歡的點上。

有些人可能會心想：「又不是給我用，我幹嘛嘗試？」其實，就算主要使用者是妳的情人或伴侶，了解這些玩具觸碰到肌膚和敏感部位的感覺，也是很貼心的舉動喔。如果能善用情趣玩具和手部技巧，靈活地交替使用，情人或伴侶會因此對妳愛不釋手的唷！切記，太強的震度會讓陰蒂的末梢神經麻木，太弱又會讓人覺得無趣想睡，記住她喜歡的模式和強度，妳就可以成為最令人難忘的情人。

跳蛋

最傳統也最常見的跳蛋就是長得像蛋的形狀，內含會震動的小型馬達，蛋的尾端會有電線連接著一個長方形的開關器，通常會有不同階段強弱的差別，主要的功能是靠震動來刺激身體的敏感部位或是陰蒂，藉此來獲得快感和高潮。從最基礎的跳蛋到後來慢慢發展出各式各樣的進階版本，有的外面還套上不同造型的橡膠外殼，有軟有硬有顆粒，任君挑選；也有發展出雙跳蛋的，可以同時給妳和伴侶一起使用，或者一個刺激陰蒂，另一個刺激身體其他的敏感部位；也有設計為無線遙控的跳蛋，沒有了電線的限制，要隱密地帶出門使用就變得方便許多。

要注意的是，跳蛋通常體積不大，如果放入陰道中，很容易在刺激收縮之間被陰道「吞下去」而難以拿出，尤其是陰道高潮後通常會變得緊縮，雖然有電線連接，但拉扯中也有可能斷掉。在報紙上偶爾會看到類似震動跳蛋進入陰道拿不出來的新聞，甚至可能滑到子宮頸處，激情之間千萬要注意。

近年來，除了跳蛋之外，也出現了陰部按摩器，樣子有點像手掌合起來微彎，順著陰部的弧度微微覆蓋住。主要是針對整個陰部做刺激，因為許多女性的陰蒂非常敏感，直接觸碰會不舒服，外陰部的包覆也能讓刺激循序漸進，由外慢慢傳遞至身體內部。

G點按摩器

已經流行了好一陣子的G點按摩器，長相就像妳把手的食指和大拇指彎起來呈現U字形的模樣，可以一邊按摩陰蒂，一邊進入陰道刺激G點，有的會設計成讓這兩端也可拉開給兩位女性一起使用（圖6-1，見下頁）。一般來說G點的位置大約在手指頭伸進陰道口一至兩個指節的位置，因此G點按摩器和一般按摩棒不同，尺寸通常不大，是滿適合女同志使用的性玩具。

關於G點的位置和功用眾說紛紜，我認為不管有哪些ABCDEFG點在陰道內，其實都不重要，重要的是妳了解自己或對方的敏感地帶嗎？有些人喜歡刺激陰道口，有些人喜歡深入的位置，探索彼此和了解彼此的喜好與需求，我想比知道幾公分處有什麼點來得重要，也有用許多喔！

除了小型的如手指大小的G點按摩器之外，前幾年相當有名的是Fun Factory所設計的綺拉女神（圖6-2），得到德國工業紅點設計大獎的這款玩具，不只是一個情趣用品，本身更是

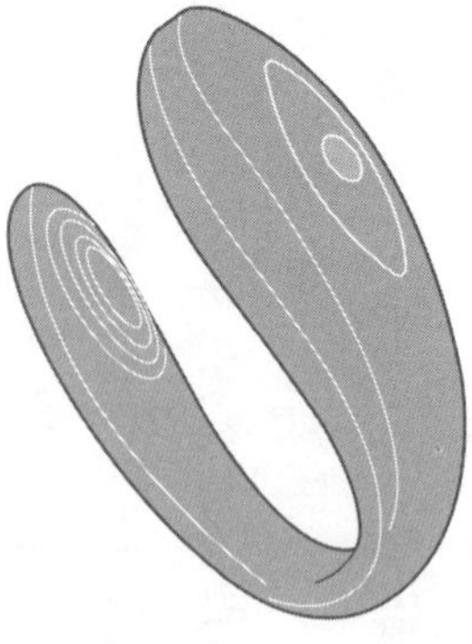

圖 6-1　G點按摩器，外觀就像把食指和大拇指彎起來呈U字形，可以一邊按摩陰蒂，一邊進入陰道刺激G點

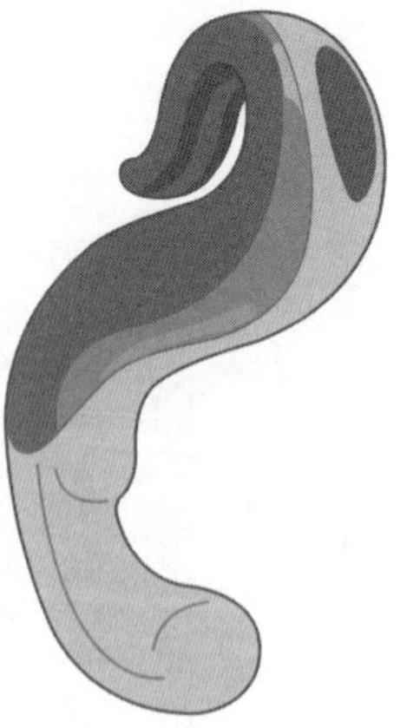

圖 6-2 綺拉女神

一個非常精緻的藝術品，且不管是由對方服務妳、妳服務對方，或是妳自己使用，都有非常人性化的操作選項。網友們紛紛表示流線型的設計不但美麗，矽膠材質的觸感也相當舒適，果然品質要用金錢來換得啊！

按摩棒

根據《搞定女人——女同志給男人的性愛指導》此書中指出，會震動的按摩棒是由美國的醫師在十九世紀末發明，用來治療「女性失調」（Female Disorder）的症狀。據說標準的醫療方法是用它按摩陰部，引發病人「歇斯底里地發作」（Hysterical Paroxysm，就是現在所稱的性高潮），許多後人也說可見得適當的性高潮可讓女性釋放壓力，維持生理機能的運作。但也有另一說，認為不管適當的性愛有多少「正當」好處，都不應該忽略女性有追求自我情慾愉悅的權利，光是「讓自己快樂」這一點，便重要過其他生理健康的需求。畢竟，人的身心會相互影響，生理也無法不顧心理的快樂而獨自健康吧。

按摩棒有各式各樣的設計，有針對進入陰道的設計，也有針對按摩陰部的設計。有些設計用來緩解肩頸痠痛的電動按摩棒，也同時可提供其他身體部位的「按摩」，如果覺得震度太強，讓末梢神經麻痺的話，可隔著衣物或摺疊起來的毛巾緩解過強的震動。有的按摩棒同時具有進入陰道以及刺激陰蒂的雙重功用，可同時轉動或震動。如果想使用按摩棒進入肛門，記得要選擇有底座的，或專門的肛塞，不然滑入體內可是很難拿出來的唷。

在選購前，記得想好自己所需要的用途再行付款，情趣用品通常因為衛生因素，拆封後就無法退款。女同志們由於性行為模式的影響，陰道通常不習慣也不常有太巨大的外物進入，或不那麼喜歡被充滿的感覺，所以一般的按摩棒對於女同志來說，有些會過長過大，或也有其他不那麼適用的狀況。因此如果要網購，記得詳閱標明的尺寸，德國Fun Factory的口袋寶貝系列和瑞典LELO都有一些款式尺寸比較符合女同志的需求，可詳閱介紹後再決定。

穿戴式按摩棒

過去俗稱的假陽具，我現在比較喜歡稱呼它為固定式或非震動型的按摩棒，一般泛指不會震動的柱狀型玩具，可以握在手上，有底座的也可以使用皮帶或繩子綁在身上。穿戴式按摩棒（Strap-on）是指將玩具用穿戴的皮帶或繫帶（Harness）固定於靠近恥骨的位置上，也有些是綁在大腿上（圖6-3）。

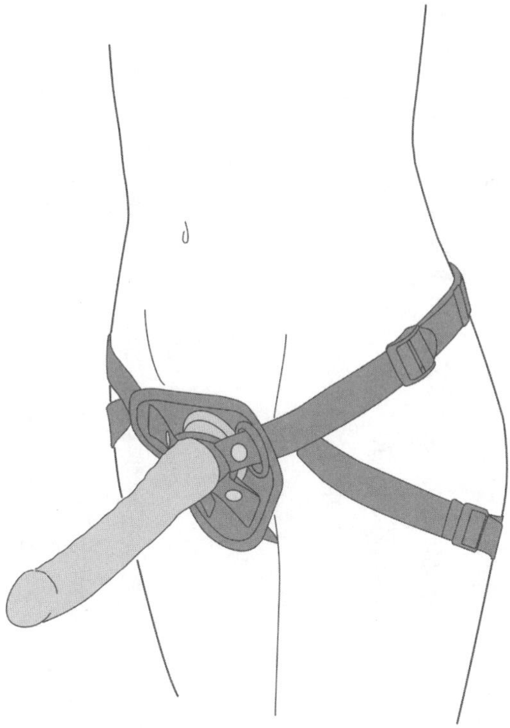

圖 6-3 穿戴式按摩棒是透過穿戴玩具用的皮帶或繫帶，固定於靠近恥骨的位置上

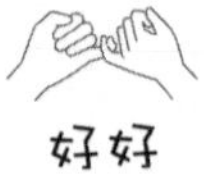

女同志使用穿戴式玩具時常要面對許多質疑與汙名，不只是從同志社群外來，也有不少是從女同志的同儕當中而來。其中最多的質疑來自於「使用穿戴式不是在模仿男人嗎？」，也有不少女同志認為使用類似的按摩棒用品，並不符合女同志的性認同與性文化。但另一方面，有些會使用穿戴式按摩棒的受訪者表示，使用類似的玩具可以空出雙手撫摸對方的身體，也可以在做愛的過程中採取不同的姿勢與角色，同時享受女性的肌膚與乳房觸感，或是陽剛地進入身體的過程，讓性愛能靈活變化。

・穿戴用品選擇指南

穿戴式的用品有分內褲設計型和繫帶型，內褲設計型就是穿上一整件內褲，在前方靠近恥骨的位置有挖一個小洞，以方便放置有底座的玩具。繫帶型的有分丁字褲型——會通過兩臀之間，或是環繞兩邊大腿型——兩條帶子在移動時會比較穩固。材質有分皮質、尼龍或纖維，皮質當然價錢會比較昂貴，台灣也可能因為市場不夠大，過去較難購買到，通常要出國或上國外的情趣用品網站，才能找到好的皮質穿戴褲，不過現在已有不少線上購物平台都能順利購買到，只是在購買前請先研究相關材質。

尼龍和纖維多數都可用洗衣機清洗，但觸碰到肌膚時會稍有不適感，皮膚比較敏感的朋友，可在穿戴褲內再穿一件包覆性比較好的內褲，避免尼龍皮帶直接摩擦到細嫩的臀部肌膚。前方通常會有一片三角形較硬的布質或皮質，中間一樣會有一個小洞，將穿戴型陽具卡在洞中。

這個洞通常有尺寸上的差異，一般從四公分到五點五公分不等，代表固定式按摩棒的直徑。現在也有為不喜歡太大尺寸的女同志所設計的小尺寸穿戴褲，前面的開口約三點五公分，所搭配的玩具長度也比較短，挑選時如不是搭配一起販賣，要注意尺寸不要買錯囉。

・按摩棒選擇指南

如果妳平常進入／被進入多是使用一隻指頭，建議要購買最小直徑三點三公分的玩具，如果妳平常多使用三隻指頭，差不多可選擇四到四點五公分的玩具。五公分以上的玩具對大多數女同志來說都略嫌過粗（其實對滿多異性戀可能也太粗）。

長度的部分，每個人的陰道長度和喜歡的深入程度也有所差異。中指八點五到九公分就算很長了，多數女生的手指都偏細短，一般按摩棒時常也會設計到十五至十七公分，喜歡深入一些的人，可使用玩具觸碰到手碰不到的地方。如果覺得太長的朋友，進入的時候要注意，緩慢地進入，不要一次「督」進去，不舒服就掃興了。

按摩棒本身的樣式也是有百百種，有的是陽具擬真型，甚至連皺褶和血管都做得清清楚楚，也有較不寫實的動物造型（很多有兔子或蝴蝶的設計，不知道為什麼），或者是各種顏色或形狀變化的單純柱狀造型。材質上有較硬的橡膠材質、醫療用矽膠，也有強調柔軟觸感的設計，現在也有不少在內部附有震動功能，或在另一邊的穿戴褲中也藏有震動器或小型的柱狀玩具，可以一兼二顧，讓雙方都盡情享受進入與被進入的樂趣。如果想嘗試用在肛門的遊戲，千萬要從較小的尺寸開始嘗試，或選擇專門的肛塞設計，以策安全。

・女跨男專用道具

除此之外，也有專門為女跨男的朋友所設計的穿戴式工具，不只是性生活可以使用，平日如果想擁有自己期望中的身體樣貌，也可以穿戴使用，有些也有做類似尿道的功能，讓排尿或希望有射精狀態的時候可以從此類工具中排出。目前台灣較難買到類似的產品，多數要託人從國外帶回。此類型的輔具當初並非為了性生活的輔助而發展出來，主要是為了讓女跨男的朋友在生活中可以Passing[7]，通常會做到非常擬真，有包皮蓋著（像男性陰莖尚未勃起的狀態）。

因為跨男的性別改變流程如果進入到荷爾蒙治療、外貌跟聲音的調整，甚至有些國家做完平胸手術和荷爾蒙治療後就能更換身分證件上的性別，這時如果要進入一些男性專屬的場域，如健身房的男性更衣室，或在游泳和三溫暖的期間，就可以裝著這類型的工具，也可以使用小便斗以避免一直要進入隔間而被側目。另外，如果是性行為中要使用的跨男穿戴式輔具，也可購買有勃起的版本，內部還會有個小空間裝白色液體來做模擬射精。

不管使用的是以上哪一種類型的穿戴式按摩棒或陽具，都必須在使用後徹底清潔，並在性行為過程使用保險套來隔絕細菌，尤其有些陽具的設計表面凹凸不平，較難清洗。同時也要適時使用潤滑液來維持陰道的濕潤。切記，任何東西都千萬不能在進入肛門之後又進入陰道，必須清洗或更換保險套才能「轉換跑道」，不然非常容易造成陰道菌種改變而嚴重感染。

7 Passing指跨性別的外表裝扮和氣質表現上，轉換成符合社會的傳統期待，並融入於社會當中。

好好

關於名稱

如果妳出國想購買假陽具或穿戴式按摩棒，舉手和情趣用品店的店員問說：Where is the “fake penis”？通常對方是不會了解妳的意思的，因為英文的假陽具名稱是Dildo（滴歐斗），源自義大利文的「diletto」，原意為「愉悅」。中文的翻譯讓大眾對這款玩具的想像侷限於「當沒有男性陽具時可替代之」，然而，它的功用並非為了要取代陽具，而是希望創造更多的愉悅。事實上，只要發揮創意，「滴歐斗」所能做的事情比陽具本身來得多更多。情趣用品女王SallyQ的網站上，使用的詞彙也不是假陽具，而是單純描述功用的「手動按摩棒」，這也是不錯的稱呼。

女同志的「滴歐斗」有些非常中性，或者在認同光譜中較偏向跨性別的女同志，對「滴歐斗」可能會抱持一些情緒上或心理上的情感存在。不只一次聽過一些踼討論，希望自己能夠有延伸的性器官，但又不是對傳統的陰莖想像或期待，這也不代表她們想當男人。傳統認為，這世界上應該非男即女，但在現實生活中，有不少人認為自己非男也非女，她們就是「踼」或「非二元性別」的這種性別角色。有許多在情感或慾望上偏向喜歡踢的女性，雖然會受到中性或陽剛氣質的性魅力所吸引，但也從未喜歡生理上的男性，甚至有些男性也不想靠近。每個人其實都用不同的方式在表達自己的性別，男女二分這樣切割性別的簡化歸納法，也時常讓許多人不知如何擺放自己的位置。所幸現今的性別能呈現的樣貌愈來愈多元，性傾向的樣態也愈來愈多，每個人有更多機會去找到自己合適的位置。

也有些受訪者表示，使用穿戴式與女友做愛的時候，在進出的過程當中，她自己也會因為玩具底座的壓力和摩擦獲得性高潮的快感，身體也會因為使用不同區塊的肌肉，而有不同的刺激和感受。這段經驗也顛覆了許多人對於使用穿戴式玩具的想像，許多異性戀或女同志社群常會覺得使用穿戴式玩具是單向的服務與享受，但其實運用創意和想像力，加上身體的律動（記得要多訓練核心肌肉），也可以讓性玩具成為妳性器官的延伸喔！

好好

雙頭龍

雙頭龍顧名思義就是兩邊都可進入的手動式按摩棒，有時會做成陰莖的形狀，也有和電動按摩棒一樣、強調軟Q觸感且有設計感的外型；前文所提到的U字形的G點按摩器，中間是有彈性的設計，也可當作兩個女孩一起進入陰道的玩具。

市面上的雙頭龍大多對女同志來說略顯粗大，如果平常就有習慣插入式性行為的朋友，可能在舒適度上比較沒有問題，但如果平常不常使用陰道交的朋友，一開始就使用雙頭龍可能就會不太舒服，建議要從前文推薦的尺寸較小之按摩棒開始使用。

使用雙頭龍的姿勢一般比較常見的是雙方平躺或側躺，或是像磨豆腐的姿勢，在身體的律動下，也可以帶給彼此進入與被進入的快感。但多數人的經驗認為雙頭龍的設計並不是這麼方便使用，在受訪者中也只有百分之九的人曾經使用過，也有人表示使用過之後覺得不太舒服，以後不會再用。但也有人覺得這樣的玩具可以讓雙方同時舒服與高潮，讓她和伴侶更覺親密。或許受限於多數是外國尺寸的設計，台灣女性不那麼合用，之後如果有台版款式，也許更能符合台灣女性的身體期待。

指套

手指是台灣女同志最常使用的性行為模式，但總是用手指有時絞盡腦汁都不知道要變什麼新招了，這時候，指套就是一個很簡單、可以有變化營造新鮮感的輔助品。

和指險套有所差異的是，指險套的主要工作是隔絕手指的細菌和指甲尖銳處，是一次性使用的安全套，用完即丟（千萬不要重複使用啊）。而這裡所提的指套，是情趣變化使用，有的是設計有顆粒狀或螺旋狀的橡膠指套，套在手指外，放入陰道內可透過摩擦凹凸不平處刺激陰道壁。使用完和其他情趣用品一樣，必須用中性清潔劑清洗陰乾；由於不平整的表面很容易積累灰塵，收納時務必待乾燥後，放置在密封夾鏈袋中。

另一種是套在手指上的小型震動器，可在手指進入陰道時，同時刺激陰蒂處，達到內外雙倍的快感（圖6-4，見下頁）。由於震動機器設計在內部，清洗的時候要小心，或使用乾淨的布沾肥皂水擦拭再陰乾收納。

女性情趣運動球

幾年前，情趣運動球上市的時候，顛覆許多人對於情趣用品只能在臥房內或性愛過程中使用的想像，常有人覺得一頭霧水，難以想像這樣的東西真的可以帶著走來走去，甚至出門行動嗎？但事實證明，人們在當下對事物的想法通常是被自己的經驗所限制的。

這類型運動球的製造原理有點像凱格爾運動，矽膠外殼內有金屬小球（圖6-5），放入陰道後會隨著妳的行動跳動，可能會讓妳心癢難耐，但也同時可以刺激且鍛鍊陰道骨盆底的肌肉，特別適合產後婦女使用來緊實陰道，以及預防尿道鬆弛。單球的適合初心者嘗試使用，雙球的適合進階朋友使用。由於內部沒有任何震動機器，外表也完全密合、百分之百防水，清洗相當方便。

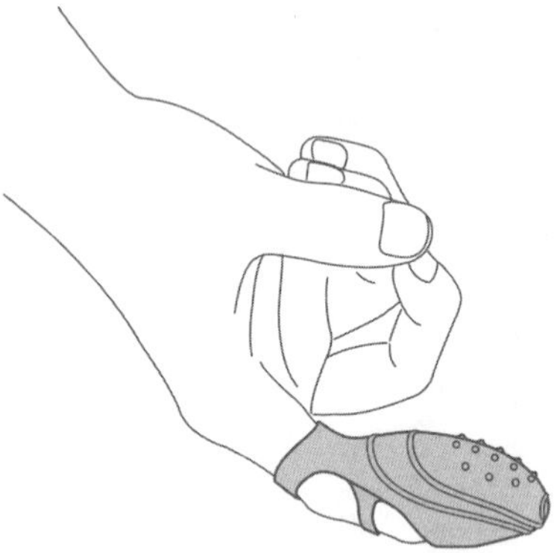

圖 6-4 指套是有顆粒狀或螺旋狀的橡膠指套，套在手指上後放入陰道，可透過摩擦凹凸不平處刺激陰道壁

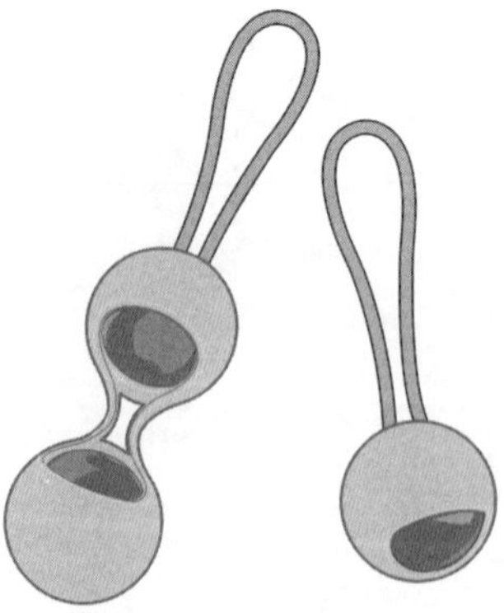

圖 6-5 以矽膠外層包裹著金屬小球的女性情趣運動球

肛門玩具

如果妳對於肛門遊戲已經有初步的嘗試和練習，有些玩具或許也可以多方嘗試。

‧拉珠／串珠

肛門專用的拉珠（也有人稱珠鍊、串珠，圖6-6）對剛開始想玩肛門遊戲的朋友來說，算是入門級的玩具，因為這款玩具的尺寸從小至彈珠般的尺寸，大到棒球的大小都有，選擇不少。

有些人喜歡一顆一顆珠子沿著肛門拉出來收縮、張開的感覺，也有些人認為這拿到陰道使用也是一種有趣的嘗試。記住，千萬要選擇較柔軟或平滑的材質，且充分地潤滑再潤滑，避免刮傷。

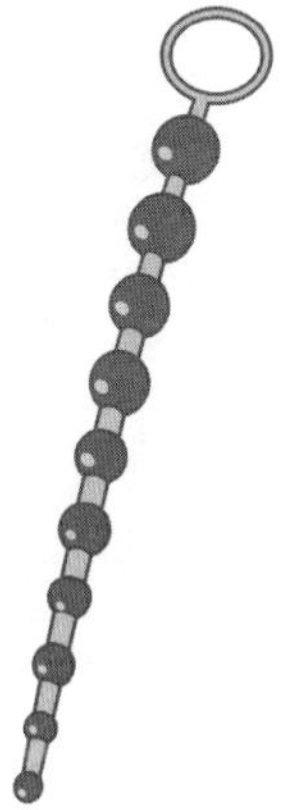

圖 6-6 拉珠上的珠子小至彈珠般尺寸，大到棒球大小都有

・肛塞

或稱肛門栓，這款玩具的長相有點像比較小的手動式按摩棒（陽具玩具），但有滿多設計都屬直立式，和多數按摩棒的略為彎曲形狀有些微差異。由於是給肛門使用，所以都會做上底座，或是手持的部位，以防激情時滑入肛門。

有些人喜歡肛塞放入的充實感，肛塞放入的時候，陰道的空間也會變小，有些人會變得比較敏感，或是被充滿的感覺比較強烈。過去市面上比較少小尺寸的手動按摩棒，而一般的肛塞大約在八到十二公分的長度，直徑二至四公分，比較符合女同志的需求，有時也可以搭配穿戴褲，提供給不喜歡太大尺寸陽具玩具的女同志使用。

肛塞同樣可使用保險套，在玩任何肛門遊戲時，都必須充分地潤滑、潤滑、潤滑（很重要所以要說三次），千萬不要太客氣只使用一點點的潤滑劑，愈多愈順暢，當然感受也會愈好。置入肛門的玩具，如果要換到陰道使用，請務必更換保險套，或重新再清洗一次。

潤滑液

前文很多地方都提到了潤滑液，不少人都有個錯誤印象：潤滑液不是只有男同志肛交時才要使用嗎？女生自己會分泌潤滑液體啊，為什麼要浪費錢去買潤滑液呢？事實上，女性分泌潤滑液體的狀況，也隨著不同情境、不同人而有所差異。

隨著荷爾蒙分泌的起伏、工作學習的繁忙與否、身體的勞累狀況，或者更年期症狀等，都會影響濕潤的分泌；抑或是環境的因素，冷暖氣會造成房間內部乾燥，電風扇吹涼涼好舒服，但也會讓濕潤的液體蒸發得比較快。因此，適時補充潤滑液，一方面可以延續性愛的愉悅和快感，另一方面也是避免摩擦過度而產生傷口的一個簡單方法。

潤滑液有分水性、矽性和油性，差異在於水性潤滑液的成分是水與甘油，清洗方便，並且不會腐蝕保險套／指險套，可使用在矽膠材質的玩具上，缺點是比較容易被皮膚吸收，容易乾的人需要一直補充。矽性的潤滑液因為不會被皮膚吸收，維持潤滑效果的時間較長，也可以搭配乳膠保險套或指險套使用，但千萬不可用在矽膠類的情趣玩具上，因為會腐蝕表面，減少玩具的使用年限。油性潤滑液通常也可作為按摩油，常兼有放鬆或宜人香氣，必須要用肥皂或沐浴乳才能清洗乾淨，質地上會比較滑順，也比較沒有蒸發乾燥的問題，但千萬不能和保險套／指險套一起使用，以避免腐蝕，油性潤滑液在許多人的經驗上也比較容易造成陰部感染，使用的話請務必清洗乾淨。

最容易取得的水性潤滑液莫過於ＫＹ了，一般便利商店和藥妝店多數都有販售小包裝，方便隨時買來使用，但使用者們表示，ＫＹ的質地稍微黏稠了一些，清洗的時候要花比較久的時間。市面上有許多不同廠牌的潤滑液，可以都先買小罐來嘗試，看看喜不喜歡那種質地。很多潤滑液都標榜「類人體觸感」，如果希望是非常類似女性分泌潤滑液體的觸感，推薦使用一些日本潤滑液，無色無味，質地很像女生的潤滑分泌液體，剛開始嘗試使用的朋友可能會降低妳的排斥感。

潤滑液的情趣功能也不少，現在市面上有許多標榜「冰火」、「草莓」等變化的口味，如果有類似的試用包，可先拿取回家使用，看看是否合妳的胃口。有些人的陰部敏感，太過刺激的潤滑液反而會讓人不適，興致大消，所以嘗試之後再選擇適合彼此或兩人都喜歡的，是很重要也可以是一段很親密的溝通過程喔。

潤滑液使用時機

· 受方潤滑分泌較少，影響性愛愉悅時。
· 因冷暖氣或電風扇影響，潤滑分泌物很快乾時。
· 玩了很久但還想繼續玩，身體不夠濕的時候。
· 想玩肛門遊戲或拳交時。
· 其他任何妳想使用的時候。

第七章

踢、婆、不分，床上大不同

好好

第七章　踢、婆、不分，床上大不同

不管是哪個人的哪種性別認同，一直都是相當複雜的議題，人的模樣、內在與外在從來就不會停止在哪個階段，時常都是一個漸進的過程，人與人之間的差異也難以一刀兩斷地劃分，各種狀態的解釋只能片段地去看到人的某幾個特定的樣貌，而非全面。

過於僵化的性別二分法，時常會把不符合眾人期待的人排除在外，比如說，有些人覺得這世界上只有男生跟女生，但陰陽人、跨性別或非二元性別的朋友時常很難判定是男生還是女生；也有些人覺得，這世界上不是異性戀就是同性戀，但雙性戀、無性戀、疑性戀和泛性戀的朋友也是真實存在啊。在女同志社群中，也有滿多人會覺得，踢應該要喜歡婆，婆也應該要喜歡踢，那麼「不分」咧？喜歡踢的踢或喜歡婆的婆咧？該怎麼看待？所以，當我們在討論各種分類時，都要再小心一些些，不要把和妳不同的人排除在外。

「性別氣質」、「性別認同」、「性傾向」大不同

一般來說，在「女同志認同」這件事情，大概可從幾個面向來看：外型的陽剛陰柔程度（性別氣質）、對自身身體與原生性別的接受程度（性別認同）、喜歡怎麼樣性別的對象（性傾向），以及性的主動被動與否。在不同的排列組合之後，妳會發現，很多分類都有例外，例外中又有相同之處。人的各種分類其實都是在協助我們初步認識自己、認識他人，最重要的核心還是在於每個人能否帶著開放的心胸，尊重自己與他人不同的多樣性喔！

性別氣質（外表看起來）	陽剛——陰柔
性別認同（我覺得自己是）	男生——女生
性傾向（喜歡的對象）	同性—雙性—異性
性主動程度（攻受比）	進入——接受

是不是覺得很複雜？因為每個人都很特別，要強制地把不同的人放在一個框架當中，是一件很困難的事情。以下先和大家分享幾個小故事，我們再來繼續討論囉。

好好

A是一個斯文、氣質比較陰柔的踢，一直以來都偏好襯衫、褲裝等中性服飾，自我認同也毫無疑問地是踢。或許是這樣的外表與認同，讓A一直都和外表陰柔的女孩交往，因而從來沒有在做愛的時候遭遇到「逆襲」的情況。

然而A很清楚，自己在做愛時，並不會抗拒脫衣服，也不是不想被觸碰，只是沒有人「主動嘗試」過……這樣單向的性愛關係於是維持了好長一段時間，雖也曾有幾任女友企圖「反撲」，但總在笑鬧間結束。

直到A遇到了一任在性事方面較為主動的女友，常常在相處間直接表達對A身體的慾望，主動觸碰且讚賞A的身體，並且也能相互討論彼此的性關係。雖然A一開始對於女友的主動有些不習慣、並因此有些害怕，但在信任逐漸累積之後，A在女友的主動中發掘了自己身體的性感帶，包含過去被觸碰時沒有太大感覺的乳房，開始因觸碰而引起性興奮，而開始覺得「被觸碰」、「被進入」也是一件美好的事情，一切終於漸入佳境……

*

B自認為是很陽剛的踢，不只外表陽剛，性格也很強悍，性事方面也相當偏好主導、主動的位置。雖然如此，B並不會排斥做愛的時候脫衣服，也喜歡對方肌膚的觸碰，可是過去的經驗裡，幾乎沒有女朋友對她的身體感興趣、熱衷於取悅她的身體，於是性的模式相當單一，模式重複。每任關係中新鮮感總是隨著時間減退，常常一段關係經歷一兩年之後，就不太做愛了。

除此之外，B也覺得自己的身體不若歷任女友敏感，一般人敏感的部位如陰部、乳房、腰窩等處，撫觸時理應引起的性興奮，自己付之闕如。既無需求，B也就不太與歷任女友發展雙向的性關係。

這樣的情況一直持續到B與現在女友C交往後，才起了變化。C在性關係中喜歡「被主導」，和B一拍即合，但C同時也非常喜歡B的身體，而她取悅B身體的方法並非「強勢主動」而是「獻殷勤服務」的態度。雖然B的身體沒有因為觸碰而獲得極大的性興奮，但C在撫摸B的時候，會發出悅耳的呻吟聲，讓B的心靈獲得至高的滿足……B於是覺得，如果是這樣被上的話，她是可以接受的。

*

C是一個在朋友群中很有自己意見和想法的中短髮女生，喜歡自己的身體和性別，平常態度有自信、稍強勢，但在床上和伴侶互動時，是比較被動的角色。在她的想法中，「讓渡出主動權」是她信任對方的一種方式。剛開始和女生交往時，因為會吸引她的對象多數都是陽剛外型的踢，相對來說，她就顯得偏婆一些，所以過去的伴侶很自然地認為她是喜歡被進入的一方。雖然某個程度上也沒有錯，但C一直覺得好像少了些什麼互動，加之過去交往的對象通常不喜歡身體被觸碰或進入，她就也一直沒機會練習。

和B交往之後，C很明顯地察覺出自己有「被B的身體吸引」的感覺，才發現自己也有偏好的身體形象，在平常相處或做愛時撫摸B的身體，也會讓C感到很興奮，自己身體會因此分泌濕潤的液體，也會自然地發出呻吟的聲音。C發現B好像也有點喜歡這種做愛方式，開始詢問B是否願意讓她進入或撫摸陰部，幾次嘗試之後，她覺得和過去的單向互動相比起來，自己更喜歡彼此撫摸、肌膚相親、可以一起高潮的感覺，在被撫摸的同時，撫摸對方也會讓她比較容易高潮。

*

D外表的陽剛程度和B差不多，除了認同自己是踢以外，也有部分女跨男的認同——她對自己隆起的胸部沒這麼滿意，也一直在考慮是否進行平胸手術，將身體打造成自己比較滿意的樣子。

D傾向與在性方面樂於被動、沒有逆襲意願的女性交往，在這樣的情況下，性愛也發展得很順遂；D會在做愛的時候保留下半身的褲子，底線是褪去上衣，保留束胸，她的伴侶也很滿意這種形式的性愛，認為「有衣料摩擦的感覺更刺激！」

D僅有遇過一位曾經試圖脫去她束胸的女友，但被拒絕了，她們也曾經因為這件事情有過討論。該任女友覺得：「如果不能摸到胸部，做愛的時候根本不會滿足啊！」但也理解D真的不喜歡被摸胸部；D認為，性事的不契合也是她與該任女友分手的原因之一。

在極少數的情況下，如酒醉興致高昂、彼此脫衣服脫得很過癮狂熱時，D也能接受被脫到只剩內褲，「不過如果醒了就會趕快穿回來」，而且一切都要看心情而定。如果可以選擇，D還是偏好擔任主動的角色，在單向的性愛中製造動力。

＊

E在女同志社群中長大，她那個年代的女同志圈還相當「黑白分明」，類似美國早期的踢吧，踢要穿西裝打領帶，婆要穿洋裝踩高跟鞋那樣的狀況。因此在E的心目中，「踢是陽剛的」這件事情無庸置疑，從心理、外在到床上，都應該陽剛到沒有一絲破綻。也因為社群的狀態如此，E認為像自己這樣的女同志很正常，在床上她根本不想被觸碰，同時也

不可能有人想觸碰她的身體。

E於是以「踢」的認同在女同志圈子裡打滾甚久，性愛中也一直是主動的角色，雖然沒有一定要保持服裝完整，但並沒有太多被觸碰的經驗，直到E與某任熱愛女體的女友F交往，才打破了這個情況……

F平常在性愛關係上習慣主動表達需求與想要，很喜歡撫摸胸部，也發現E的胸部相當敏感，然而E對於自己身體的敏感不是很能接受，敏感並不等於舒服，甚至有時覺得很怪。過了一段時間之後，E才發現自己並不喜歡被觸碰，她一直都在忍耐F的撫摸，並藉此滿足F的慾望。

後來E與F分手之後，兩人對質才更釐清了當下沒有辦法講清楚、經過測試才現形的底線，E終於明白自己不只是「踢」，而且是一個不喜歡自己胸部、不喜歡被觸碰的踢，也在日後完成了平胸手術的心願。未來，E找尋女友的首要條件就是「可以接受我沒有女人形象的胸部」，以及「不會太積極取悅我的身體」。

*

G的外型姣好，從小自然吸引許多追求者，過去和男生交往、做愛的時候總覺得少了些什麼，直到和H交往之後，才發現自己其實比較喜歡中性帥氣的女生，開始認同自己是較偏向喜歡同性的雙性戀。一開始她對於怎麼取悅女體感到疑惑，但上網查了一些訊息，加上幾次和H的實戰經驗，她發現自己非常喜歡女女做愛時溫柔緩慢的親密感覺，也喜歡女生柔軟的肌膚和有曲線的線條。

但讓G疑惑的是，每次做愛都是H主動撫摸或進入她，當她想用H對她的方式來「回饋」給H時，總被H笑笑拒絕。但同時，她也發現自己被拒絕時沒有不開心的挫折，反而有種鬆一口氣的感受，因為她知道自己想進入H，是基於「公平」原則，也想讓對方開心，但不是自己主動的想望。她一方面很喜歡、享受著H在性上給她的愉悅和服務，一方面又擔心自己這樣是不是很自私、不公平、「不夠女同志」。

後來G某次借酒意詢問H，會不會覺得性生活不滿足，H很認真地表示，自己的快感來源就是看著G的身體被挑起慾望、透過進入G來感覺她的肌肉和震動，聽著G的聲音，自己的身體也會獲得類似高潮的抽搐感，G才發現，原來每個人獲得愉悅的方式都不一樣。

＊

I在高中時交的是女友，但一直都知道自己對男性也是有興趣的。她交往的女朋友通常

好好

是陰柔的外表，如果要交男朋友，她很清楚自己喜歡較為陽剛的肌肉男子，而且一定要比自己高。不論男生或女生，她都喜歡有著陽光笑容的人。她不喜歡穿束胸或運動內衣，喜歡挑選女性傳統的內衣，但外在時常搭配的是男性版型的襯衫。

外型較為中性的她，容易被外界的人認為是偏踢的女同志，但對她來說，自己從來沒有踢的認同。交了兩、三任女友但總被說不夠陽剛的I，在某次情傷之後，認識了一個女跨男（FtM）的新朋友M，開啟了她不同的交友世界。兩人有著共同的興趣，也非常有話聊，第一次談論到上床的話題，M跟她說自己還沒有完成全部的重建手術[8]，希望能夠用跨性別專用的人工陰莖輔助來跟I發生關係。I躊躇了一下，確認這也是M能獲得快感的方式，便答應了。約會了一陣子之後，I思考著自己的認同，慢慢覺得自己似乎比較像最近常聽到的泛性戀，對方的性別或性傾向對她來說並不這麼重要，相處跟感覺比較重要……

看著以上的故事，妳有在當中看到任何自己或情人／伴侶的身影嗎？有也好，沒有也沒關係，因為每個人的經驗都有相似或不同之處。多傾聽、討論，就可以讓大家也多一些機會去認識自己和對方，去理解、接受彼此的差異，進而發展出適合彼此的模式，這才是擁有愉快性生活的不二法門唷！

踢到底想不想要？

如果妳去著名的PTT的Lesbian版做田野的長期觀察，會發現有很多踢的伴侶表示，常常都無法「逆襲」[9]成功，覺得很挫折；但另一方面，妳也會看到有很多偏踢的哀號，抱怨對方總是自己享受完就睡著，不知道怎麼跟對方表達自己也很想被碰，或者對方試著上她但不得其門而入就挫折放棄的類似文章。常覺得，如果能有一個平台，把兩邊都挫折的人媒合在一起，或許就會兩全其美了（笑）。這當然是我很理想性的幻想，要理解和自己不同的人一直都是全世界最困難的事情啊（哭）。

事實上「踢到底想不想要」，沒有辦法這麼簡單地一刀劃開——想要／不想要，這樣一個選項而已。除了慾望必須要產生之外，還要有空間讓慾望被發現、被理解、被看見。曾

8 由於跨性別的性別重置手術分許多階段進行，以女跨男來說，通常最後一個階段是陰莖重建手術。由於經費或每個人的考量不同，並非所有的跨男都會選擇陰莖重建手術，因此有些人會在性愛過程中使用輔助工具。

9 PTT的Lesbian版有一段時間，時常有網友分享「婆的逆襲」的文章，通常意指平常性的主被動角色較為固定的組合，突然之間角色對調令人措手不及，白話一點就是，可能過去通常是T上婆，但婆可能經由各種方式（如：壓制對方、威脅利誘、好言相勸等），順利地使T、婆的性主動角色對調，婆上了T，稱之為「逆襲」。

經有一個非常陽剛的踢朋友K跟我分享，她其實很清楚自己有想要被上、被進入的慾望，但過去她所成長的女同志圈子非常踢婆分明，她的歷任女朋友們好像也認為踢主動發動性行為和上人是理所當然的，很少主動觸摸她的身體或陰部。有次K對某任女友提出要求，說希望女友也可以摸她或進入她，她想嘗試看看，但女友的回應卻是：「這樣好奇怪，我不會。」被拒絕的她從此便不再嘗試要求，也不抱著類似的期待。而K的幾個要好「哥兒們」朋友，在她偶爾流露出一些嬌羞的樣子時，也會開玩笑地說她是個「娘兒們」。當然這裡的「娘兒們」所代表的含義，絕對不會是代表正面的形容詞彙。

像上述故事中的A一樣，K在遇到了現任女友之後，由於對方也主動表達對她身體的慾望，事情開始有了些微轉變。雖然一開始女友的要求都還是被K暗示性地拒絕了，因為K其實也不太相信有人會喜歡「像她這種不女性化的女人身體」，每次女友說K的身體好性感時，K從來不覺得是在說自己。

在很多人的想像中，「性感」會跟大胸部、厚嘴唇、翹屁股這些很女性化的身體畫上等號，加上我們如果想到「被慾望的女體」，通常會是那些網路正妹、時尚模特兒或者A片女星等等。我們從來沒被教育過，女體有好多種樣貌，也有肩寬、腰直、小臀部、豐腴的大腿或平胸的美與性感，而且這些身體也都有人愛、會讓某些人流口水。後來在女友的循循善誘（好言相勸？半哄半騙？）之下，K終於嘗試了第一次讓女友進入她的身體，而且她發現自己很喜歡，女友看起來也很開心。雖然因為是第一次，感覺還很陌生，她也不太了解自己哪些部位喜歡被觸碰，但自己的身體被喜歡的人所渴望，感覺很棒。

這個真實的故事不是要說，喔，踢都是這樣壓抑，所以讓我們都來上踢吧！而是想讓大家看到，有時想要或不想要，對許多人來說並不是可以一句話說清楚這麼簡單的，尤其是面對親愛的人，我們都在意彼此的感受，也常會擔心自己不是對方喜歡的樣子。而且我認為，整個社群都還需要持續擴大我們對於被上與上人的想像。有些踢會有被觸碰和進入的慾望，但她們表現的方式並不是像A片女星的那種嬌媚動人，事實上有許多陽剛女同志在看A片的時候，投射自己的角色會是男優（根據「二〇二一拉子性愛百問」調查，有百分之二十三的人在看A片時會投射自己為男優的角色），但有可能她同時也會有想被觸碰或進入的感覺，但這樣要怎麼表現出來讓對方知道呢？

如果我們從小接收到的性角色相關資訊就只有：很男性的那種強勢主導＝進入者，和很女性的那種害羞無助＝接受者，如此二元切割的想像，那性別氣質中性的女同志們、那些不想成為在別人身下扭動呻叫的女同志們，該在情慾角色上扮演怎麼樣的劇碼？又要去哪裡學習？這些都需要藉由我們的生命經驗不斷地討論，進而創造、擴展我們對此的想像。不管如何，感受自己的慾望，想辦法說出口討論，尊重與接受彼此的慾望，我想就是創造良好溝通的不二法則。

第一次由受轉攻就上手

這個段落，我自己覺得非常適合給以下三種朋友細細研讀：

1. 妳一直想逆襲但不得其門而入。
2. 對方已表達希望妳偶爾也主動一下，但妳過去可能因為沒機會或其他原因，疏於練習而不知道怎麼「下手」。
3. 妳對於比較單向的性關係已經覺得遇到瓶頸，希望偶爾也多些變化，攻受互換可能就是不錯的解套方式。

如果妳是以上三種朋友，趕快跟我們一起往下看吧。

首先，請先確定原本的攻方「真的並不排斥」被觸碰或被上。還記得我們前面說的小故事嗎？千萬不要讓對方覺得自己好像要被強暴，或者只是在滿足妳的好奇心，妳可以在平常的時候「狀似」隨意地詢問：「欸，妳會有時候想被上嗎？」或者是「親愛的，妳想到被進入會不會不舒服？」之類的，先用一般的對話來了解一下她的意願和想法。有些習慣主動的攻方對於被上的想像其實也滿狹隘的，或者因為沒有經驗或未知，一開始會覺得有點可怕，或會覺得「難不成要我像女優一樣扭動身體或發出那種叫聲嗎？」之類的，因此覺得心生排斥。這是正常的過程，可以花點時間先聊聊天，如果攻方一副「妳不會啦，這我來就好」的樣子，妳也不要擔心喔，這也有可能是因為緊張而想用這種說詞來掩飾，或是對方也有可能擔心妳不是自己真的想要，而是為了取悅她。通常兩個人做愛要能夠真的盡興、快樂，是要雙方都有相同程度的投入和想要，其實人都感覺得到對方是不是用一個做功課的心態在面對，所以如果一方沒有獲得對等的樂趣，而是單純地配合對方，關係常常就會從這點開始不平衡。

再來，請好好研讀與練習我們前面所教大家的各種「交法」的知識和技能，如果時間緊迫，比如說：對方突然想開，覺得今天晚上可以來試試看，妳可以先把指交的流程反覆研讀、了解一下，或者先在自己身上練習一下也是不錯的選擇。我聽不少踢朋友說，之所以不想讓女朋友逆襲，有些是因為「覺得對方好像把自己當作實驗品」，或者是「覺得對方都在亂弄一通，不知道她到底在幹嘛」。我知道如果要第一次採取主動，對有些人來說可能會稍微緊張一些，因此做好準備，先「紙上談兵」一下也無妨。

而對於第一次被上的人來說，我也建議妳為了自己未來的「性福」著想，要有點耐心指導初心者喔。有個踢朋友曾說過，她某前任第一次要上她的時候，從前戲開始，大概三分鐘就問她一次，「這樣可以嗎？」然後在進入之後，自己一個人埋頭苦「戳」，都沒在注

意她的身體和反應，她實在無法投入在那個情境當中。雖然我常建議大家要問對方、要表達自己，但在做愛的過程中不斷講話或問問題，的確還是滿惱人的。「二〇二一拉子性愛百問」中，有超過三成的受訪者也表示，「一直問我她表現得棒不棒」是受訪者在性愛過程中最討厭發生的事情，大家千萬要注意耶，不要一不小心就成為了拒絕往來戶啦！如果真的感到困惑，可使用比較明確的方式詢問，比如說：「要左邊或右邊？」、「力道重一點或輕一點？」、「喜歡彈跳還是按壓？」等較為清楚的引導式問法，可以讓雙方都在當下更清楚接下來要怎麼做比較好，避免冗長且影響氣氛的對話。

還有另外一個不錯的建議，上人初心者可以嘗試看看，就是在主動進攻的過程當中，還是可以發出一些平常在被上的時候會發出的聲音。在「二〇二一拉子性愛百問」中，有近八成的受訪者表示，「聲音」是她們在做愛過程中最著迷於性伴侶的部分，其次是「觸感」、「表情」、「味道」、「體溫」與「力道」，這可能也是女同志社群有別於異性戀和男同志社群之外，較為特別之處，也由此可見，「聲音」在女同志的情慾生活當中，扮演了舉足輕重的地位。且通常第一次被上的人，對於自己身體的反應都還在適應階段，所以會稍微放不開，何況有些很陽剛的女同志，對於從自己口中可能會發出叫聲這件事情，應該是暫時有點無法接受。不過，因為聲音會改變環境的氛圍，也因為對方比較熟悉妳的聲音，這時應該會讓彼此都放鬆一些，而且如果是妳發出平常被上的叫聲，有極大可能也會引發對方的慾望，進而讓對方把在意形象或擔心的想法拋到九霄雲外去。

最後，還有一個提醒，常聽說有些人逆襲到一半，主控權就被搶去了，然後就逆襲失敗，變成下次請早，幾次之後，其實也會令人有些挫折。如果妳也常發生類似的事情，可以試著跟對方來個交換，比如說：讓妳進行到結束，妳就隨便讓她要怎樣就怎樣，用類似的很有吸引力的交換，來換取更多空間和時間的練習，只是妳可能要有心理準備面對之後的結果就是了……但如果有類似的情形發生，也可以再跟對方確認一下，是不是不喜歡或者是不舒服？哪裡有可以改進之處？有時候可能對方對自己的感覺也不太清楚，妳也可以跟她分享過去自己剛開始探索身體的困惑之處，或是人生中前幾次性經驗的感覺，彼此一起討論，也可以更增加親密感喔！

就是不給碰，怎樣？

另外也有些陽剛的女同志，多數會自我認同為踢，是很不喜歡或極度不願意被觸碰或被進入的，她不一定需要是自我認同為跨性別，或想成為另一個性別。有時人的慾望與性滿足的來源，可能就不是陰蒂或陰道，有可能是身體的其他部位，或者是皮膚、大腦等；甚

至也有可能，有大約百分之一的人，會是「無性戀」的朋友，愛戀對她來說，是沒有性與慾望牽涉在內的，並不是有問題或是對關係心有不滿，而是慾望確實就不存在她的大腦裡。

曾有位朋友跟我說，對她而言，跟女人發生關係的過程中，她最敏感也最有反應的身體部位，就是她的手指和大腦。透過手指觸碰對方的身體和陰部，感覺皮膚的觸感和肌肉的律動，再透過眼睛將對方的反應盡收眼底，當畫面進入到大腦，她的身體就能夠產生高潮的快感，反而如果這時候進入陰道，會打斷她整個身體的運作機制，這樣的快感就不復存在了。像這樣的例子也是實際存在著，所以每個人的生理反應真的差異滿大的，我們都很容易用自己的行為模式或價值觀去揣測或猜想別人的狀況，但去看見、理解彼此的差異並且尊重之，也是大家都要注意的部分喔！

跨性手術對性生活的影響

在女同志的社群中其實相當多元，其中，有喜歡女生的女性本身是男跨女，也有些很陽剛的女同志，在經過一段時間的自我了解之後，後來慢慢發現自己其實是女跨男。現今的資訊愈來愈多，大家逐漸可以了解這些認同之間的差異，但在實際生活上，如果妳或妳的伴侶本身是跨性別，或有邁向跨的打算，對性生活的確還是會有些影響。除了性生活之外，當然在生活中的其他方面也會有許多需要彼此調適之處，本書由於篇幅緣故難以細說從頭，建議大家到PTT的Transgender版或參與社群內相關活動，多了解別人的經驗分享。

以男跨女來說，如果要動變性手術，需要把陰莖、睪丸切除，用陰莖、睪丸的皮在會陰部分做出人工陰道，將陰莖、睪丸的皮翻轉塞入陰道，接著用睪丸皮做成外陰，龜頭部分做成陰蒂。因此，龜頭的快感會延續在新的陰蒂上，依然可以獲得性愉悅，只是無法有腺體自行分泌的潤滑（目前的醫療技術也可選擇用結腸重建的陰道來分泌腸液潤滑），因此在適當時機使用潤滑液、補充濕潤是很重要的。人工陰道的部分，剛開始建立時，為避免閉合需要每天放入一段時間的擴張器（類似柱狀物）來固定陰道的形狀，所以剛手術完為避免傷口的感染，性生活可能需要暫時休兵一下，進行比較完善的照護，過幾個月之後可以再開始慢慢地嘗試性愛。

還沒有考慮要做變性手術的跨性別女同志們，常會擔心自己的身體「不夠女生」，或者是仍存在的陰莖會讓她很難找到女同志的另一半。其實，雖然的確有些女同志不喜歡陰莖的存在，但多數是因為陰莖常會成為男性權力的象徵，而在跨性別女同志的朋友身上，有時狀況並非如此。男跨女的朋友，要進入現有女同志社群，最困難之處有時不只是在未完成重建時身體上的差異，有時候也是因為不理解女同志社群中的交友文化或相處模式，或是跨性別朋友本身因為害怕被排斥而恐懼去嘗試。比如說，女性之間的對話方式和男性相比起來，會稍微隱晦一些，身體或性相關的話題，通常是跟熟悉的朋友才比較會去討論，性社交文化也不那麼活躍，需要一些時間的醞釀等等。

另一方面，女同志社群也不那麼了解男跨女朋友的狀況，許多人對跨性別的想像，很單純就是「討厭自己的身體」，好像不討厭自己的身體，想跨就沒那麼有正當性。但其實，有許多跨性別朋友對於身體的感覺，也不是那麼簡單能用討厭或喜歡來區分的。這還是一道光譜，在討厭和喜歡之間，也有「討厭但可以接受」、「還算喜歡但希望可以更喜歡」、「不討厭也不喜歡」，甚至是「沒有什麼喜歡或討厭，就是一個事實」等多種樣貌。有些男跨女雖不喜歡陰莖的存在，但還是可以使用它來獲得性快感，也有些朋友的確就是不想使用自己的陰莖，或者也有在使用陰莖的時候，她的心理其實是女性被進入的高潮感受，這都是有可能的。

至於女跨男，在台灣目前只需要摘除子宮、卵巢、乳房等器官，經過兩名精神科醫生評鑑，就可更換身分證。由於人工陰莖重建期長，需要花費高，實用性不甚高，有些女跨男的朋友因此選擇不做全套的重建手術。目前人工陰莖的做法大多還是取小腿的腓骨和皮膚，包上部分肌肉筋膜、脂肪，再保留神經，讓人工陰莖之後需要使用時，雖然不會射精，仍能有真實的高潮感，而且不必靠充血就有堅硬感。

許多女跨男的朋友，對於人工陰莖是否需要時，需要花較多的時間去感受與評估自己的需求和狀態，同時也會焦慮於，如果和另一半交往時，要如何告知自己身體的狀況。有位跨朋友和我分享得很好：「男人不只是那胯下的一團肉。」沒有陰莖並不代表自己不是男人，兩人之間的性生活也不是只有抽插，重點還是兩個人針對自己喜歡的方式進行討論與溝通，並達到共識的過程。也有女跨男的朋友與我分享，在使用荷爾蒙的過程中，他原本的陰蒂處也重新微微長大（但不會長得跟陰莖一樣大喔）。目前也有利用長大的陰蒂做下半身重建的手術，雖無法如傳統的陰莖重建術一般勃起，但相比起來風險較低。

除了身體外型上的改變，使用男性／女性荷爾蒙，有時才是真正會影響性生活的重要關鍵。幾次聽女跨男的朋友分享，使用男性荷爾蒙讓他們真的經歷到了男性的青春期階段——長青春痘、性慾勃發、脾氣變得較暴躁等狀況，這過程中要適應一個新的自己，也要花些時間。而男跨女的朋友使用女性荷爾蒙，則會讓性慾下降，這些轉變也都會影響到伴侶或情人之間的性生活狀況，可能兩人本來對於性生活頻率已經有默契或共識，但在使用荷爾蒙之後，其中一方的改變，不論是性慾提升或下降，都需要另一方一起面對、調整。在經歷改變的這一方，也要適時表達自己現在的狀態給對方知道，剛開始使用荷爾蒙對身體所產生的影響，對彼此都是很新的狀況，對方沒有通靈的能力，不知道你／妳正在經歷什麼事情，所以**感受自己**、**說明狀態**、**彼此討論**，我想不管在生活哪個層面都會有所幫助。

第八章

拜託死床不要來

第八章　拜託死床不要來

女同志死床（Lesbian Bed Death），一般是指在女同志的長期伴侶關係裡（請自行定義多長叫做長期伴侶關係），性生活的頻率會逐漸下滑，一直到平靜無波為止。

「女同志死床」這個詞彙，是一九八三年由心理學家佩珀．史瓦茲（Pepper Schwartz）在她的著作《美國的伴侶們》（*American Couples*）中所提及，意指女同志伴侶的性生活與性親密，跟異性戀或男同志伴侶相比起來少了許多。

但，這是真的嗎？

女同志真的容易「死床」嗎？

近四十年前的研究至今，當然社會文化與女性意識都有了劇烈的變化，社會整體對於「性」與「情慾」的開放度大增，對同志議題的了解這十年來也迅速地改變。事實上，在史瓦茲之後，有許多學者都跳出來批評這項研究，也有其他研究指出，女同志伴侶之間的親密感與滿意度，據調查顯示，和異性戀與男同志伴侶相比，是三者之中最高的。

但同時間，我們在女同志社群中也聽聞到各種訊息，以及PTT Lesbian版的不正式調查都指出，交往超過一年的女同志情侶性生活頻率的確偏低，一百對中約有八十七對是每個月零到五次，平均一週一次（調查來源：PTT Lesbian版）。不過，頻率高能否完全代表兩人對性愛滿意度或親密感的程度呢？或者幾個月一次，但很有品質、不受打擾地投入性愛比較重要呢？其實不管哪一種，都應該問問妳自己：**妳到底想要怎麼樣的性生活，或者妳期待怎麼樣的性生活？**以及，為什麼？是覺得這是愛的表現？是關係的潤滑劑？或是身體的週期慾望起伏？或其他的原因？

聽過不少拉子朋友聊到「死床」就齊聲嘆息，似乎天下之間無人能解此難題，其實，不管是跟女朋友、老婆、伴侶、床伴、長期砲友（通常簡稱固砲啦），都有可能會面臨到這個狀況，在社群當中還是滿常見的。當然其中有許多的原因——兩個女生的生理週期影響、平常工作或念書的疲勞、有沒有同居或是分開住、有沒有錢去開房間或單純就是不想要，都是可能影響的因素。加上許多調查都顯示，女女之間的性愛，由於常是以滿足對方為出發點，而非要宣洩自己的慾望，不管是上人或被上，當中都有滿足對方的成分在內，所以如果對方並不想要，自己再堅持或強迫對方做下去的意義也不大。

另外，時間也是很重要的原因。女女性愛通常耗時比異性戀和男同志伴侶要來得久，女性的身體通常需要較長的時間暖身，加上自然的潤滑分泌也需要一些時間，很多人想到明天早上要起床上班上課，性致就冷了一半……

除此之外，缺乏學習範本也是一個很重要的原因，異性戀不管有哪些性喜好或性幻想，其實在市面上都多少找得到一些性愛學習範本（姑且不論許多知識是否正確），男同志的G片（俗稱鈣片）市場也超級大，也有同志出版社出版專書來介紹各種男同志G片，但回頭來看，女女性愛的範本可真是少之又少。光是娛樂用的A片就少得可憐，台灣自產的女女性愛書籍，到了二〇二一年還是屈指可數。「二〇二一拉子性愛百問」中就有百分之六十三的受訪者表示，「沒有新花招」是她們在性愛關係中所遇到最頭疼的議題，榮登問題排行榜之冠，由此可見社群內持續產出各種性愛資源，對現今台灣的女同志來說還是很重要的。

女女死床，怎解？

接下來，讓我們一起來談談怎麼延續性愛火花，讓妳們的生活更甜蜜吧（如果妳有一些獨家祕方，也很歡迎跟我分享，讓更多的女女情慾想像和圖像豐富起來）！

想解決「死床」現狀，必須要先了解是「死」在哪裡。從現在就開始一起討論，說不定就是「死灰復燃」的開始喔。首先第一步，就是要接受死床的事實（本人聽過超多拉子朋友分手前一直說「死床無所謂喔，我不需要做愛」，結果分手後一直靠杯對方不跟她做愛），接下來就是找出妳們死床的原因，只要有心，人人都能克服死床這座高山！

・時間與空間無法配合

解決方法：

1. 存錢或撥出預算去開房間（請參考第五章的Motel章節）。
2. 拿出行事曆約好一定要做愛的日期或區間。記得還是要前後有點彈性，以免造成彼此過大的壓力。
3. 固定排除萬難安排外出過夜小旅行。

・身體狀況與週期影響

解決方法：

1. 面對她，接受她，放下性愛一定要高潮或做全套的期待。
2. 練習好好說出口身體哪裡不舒服，並允諾之後會加倍彌補伴侶。
3. 重整自己生活的步調，試著在某段時間把伴侶放在工作或其他事情前面，以體貼的心來陪伴對方吧！

・性愛不滿足又缺乏溝通

解決方法：請細細研讀接下來的章節。

創造妳的情慾想像

情慾想像是什麼呢？我認為它會比性幻想更廣泛一些，大家對於聽到性幻想，通常都會連結到一些比較特定的場景（如：在野外或辦公室）、角色（陌生人或教官）、性愛形式（有攻受角色）等等。但我這邊講的「情慾想像」，泛指所有與情慾有關的、妳腦海裡會浮現的東西或感受。妳可以很貼近現實地想，也可以很天馬行空地想，只要那是妳喜歡的、想要的，先暫時拋開他人的評價與道德束縛吧！

比如說，過去如果有人問我有沒有什麼性幻想，我常想破頭都想不出來，然後我就說我沒有性幻想（聽起來是一個很無趣的人）……後來和朋友深聊就發現，原因是我對於「幻想」這兩個字的理解，是要在腦袋中描繪距離實際生活很遙遠的場景，或現實中不可能發生的事情，但我通常比較喜歡現實當中曾發生過的愉快經驗，或好幾個愉快經驗加在一起，所以對我來說那不是性「幻想」。

不管你的想法是和我一樣，或者是有其他千千百百種的模樣都很好，那就是屬於妳自己的情慾想像，沒有人能夠改變它，這就是妳最珍貴的性愛資源。

妳可以找個悠閒的晚上，自己一個人在網路上搜尋A片，看看不同種類的片子，去感覺自己的感受——看到怎麼樣的畫面會興奮？希望自己是片中的哪個角色？哪些畫面會讓妳不舒服？如果兩個人都換成女生，相同的畫面妳還會不舒服嗎？妳喜歡緩慢的步調，還是急促的節奏？什麼時候會想上人，什麼時候會想被上？

每個人看A片時多少會投射自己的經驗，或有看見社會結構影響男人和女人權力關係的經驗。我記得有個朋友跟我說過，她每次看到A片中男人強暴女人的情節，就會覺得興奮，但同時間她又會因為自己這樣的興奮感到罪惡，覺得自己好像也是這社會中女人受害受暴的共犯，好像自己容許這樣的事情發生一樣，久而久之，她對於自己的慾望很難正向看待。希望大家記得，想像沒有任何罪過，只要發生性行為的雙方是合意、知情、安全、彼此享受的狀態，不管怎麼樣的情境，都是妳們共享親密的一部分。

或者，找個晚上，輕鬆地和妳的枕邊人聊聊彼此的情慾想像，妳可以先聊聊妳自己的，或是之前曾經自己探索的經驗，讓對方比較有安全感。建立安全空間和談情慾的信任關係後，可以慢慢詢問她的想法——小時候有沒有過探索身體的經驗？開始的契機是什麼？之前的經驗有沒有讓她更了解自己的身體或喜好？有些人過去的事情記不太清楚，也可以從最近一次的情慾興奮時刻開始聊起。這其實也是很有趣的前戲開端，聊到兩人之間情慾張力一觸即發的時候，再來翻雲覆雨一回，也是有別於平日的情趣呢。

花點時間練習說出自己的需求，可以拿出一張紙，把妳所喜歡、想要的性活動都列出來，這也是一個能發展兩人之間性語言的機會。什麼樣的語言讓你比較自在，是「上人與被上」、還是「進入」或「性交」，或是「幹我」、「弄下面」？妳喜歡怎樣稱呼妳偏愛的體位和姿勢，或是妳的性器官？你想嘗試的或是不想體驗的，都可以在這樣的活動中和對方一起練習清楚溝通，並達成共識。如果是你不喜歡的，可以堅決表示立場，這並不代表你就是無趣或性冷感，如果妳想要學習更多，歡迎重複閱讀參考本書其他章節。總而言之，如同多重與開放關係的圭臬《道德浪女》所說：每個人都要學習和他人溝通，溝通對每個人都有好處。

共聊情慾想像小撇步

1. 不要隨意評價對方。就算對方說出妳完全不理解的想法，也盡量不要說「妳好奇怪喔」、「我不能接受耶」等較強烈的用語。記得將心比心，柔軟地去試圖理解。
2. 不要未經對方同意說出去。多數人的情慾想像都是很私密的，每個人應該有權利去決定她想讓誰知道以及不想讓誰知道，就算妳覺得這沒什麼大不了的，也不代表對方是這樣想。
3. 偷偷記下，下次實踐。除非對方是希望到外太空做愛看看，不然應該多數的情慾想像都是可實踐的，只是看有沒有機會或意願而已。記下她喜歡的想像，下次她生日的時候，可以給她一份意想不到的大禮。

慢慢來，更好玩

現代人生活忙碌，常常匆匆忙忙回家，匆匆忙忙洗澡，又匆匆忙忙睡覺，睡前再匆匆忙忙做個愛倒頭就睡，好像是很常發生的劇情。不過，有時候匆匆之間，會沒有注意到女人身體許多重要的祕密開關，這時候就要嘗試慢慢來，相信可以得到更豐富多元的樂趣。

請先用慣用手撫摸另一隻手，練習一下緩慢地撫摸，也適應一下手部在一段時間內維持相同姿勢的感受。一開始可能會因長時間維持同一動作而感到僵硬，但長時間練習以後，便能鍛鍊這些平常沒機會運用到的小肌肉。

撫摸肌膚時，請以五秒摸十公分左右的速率進行，可試著用一隻手指、兩隻手指、四隻手指等不同的施力小肌肉區塊來練習（圖8-1）。

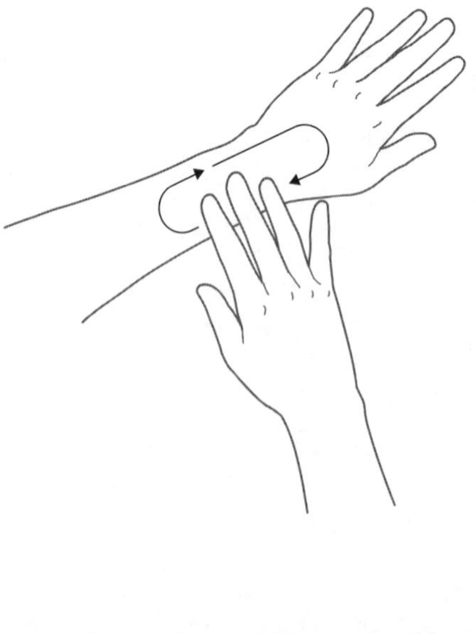

圖8-1 可試著用一隻手指、兩隻手指、四隻手指等不同的施力，做小肌肉區塊的練習

女人的身體肌膚多數都相當敏感，尤其在身體各種皮膚較為細嫩的內側部位，如：手臂內側、手腕、大小腿內側，以及身體曲線彎曲的地方，如：頸肩彎曲處、肩膀至手臂彎曲處、身體側邊至腰部及臀外側的曲線、膝蓋和腳踝等。請多探索另一半身體的敏感部位，使用緩慢的撫摸技巧，或以舌尖緩慢滑過，探索連當事人都不清楚的敏感部位，有時這樣的緩慢性愛，更可以營造和累積雙方的親密感喔！

．身體內側

女生的身體內側通常皮膚較為細緻敏感，可沿著身體的曲線來撫摸，對方有反應的部位就暗自記下，可重複掃過敏感部位數次。每個人的敏感區塊都不同，需要仔細觀察和了解。在緩慢撫摸時，請千萬忍耐，不要馬上跳到陰部或乳頭等平常就獲得很多關注的重點部位，開發身體的其他區塊也是增添性愛情趣的重要步驟喔（圖8-2，見下頁）！

．背部

女人身體的背面也常被忽略，但有不少人的背其實相當敏感，可能比正面的胸部還敏感呢。可使用四隻手指輕柔滑過脊椎周邊和背部側邊的敏感部位，或用舌尖輕輕掃過，記得不要弄得對方身體都濕答答的，舒服感可能也會因此下降喔（圖8-3）。

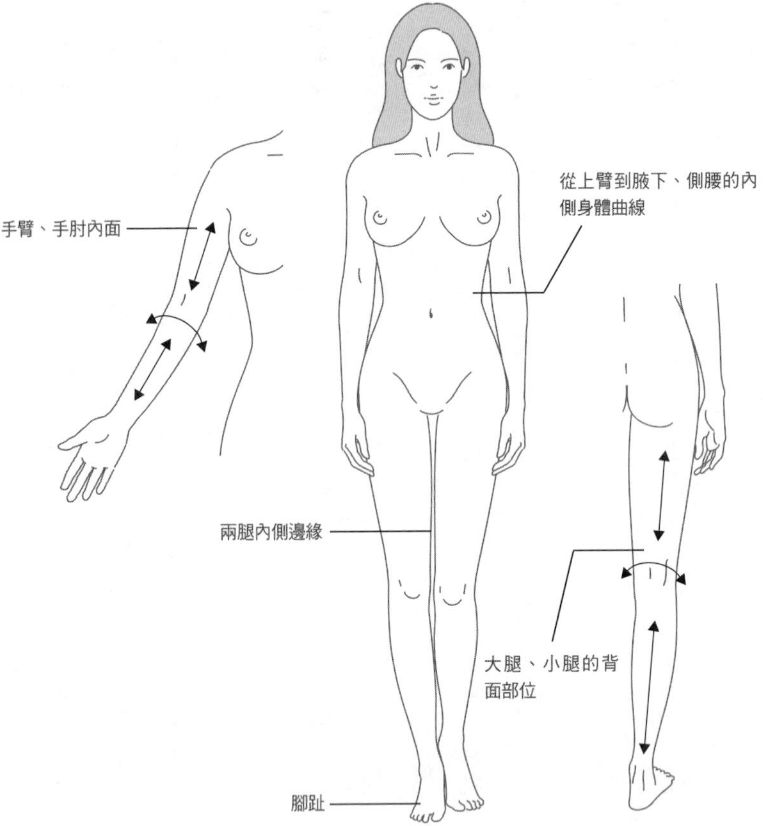

圖 8-2 女生身體內側的皮膚通常較細緻敏感，可沿著身體曲線來撫摸，開發身體的其他區塊也是增添性愛情趣的重要步驟

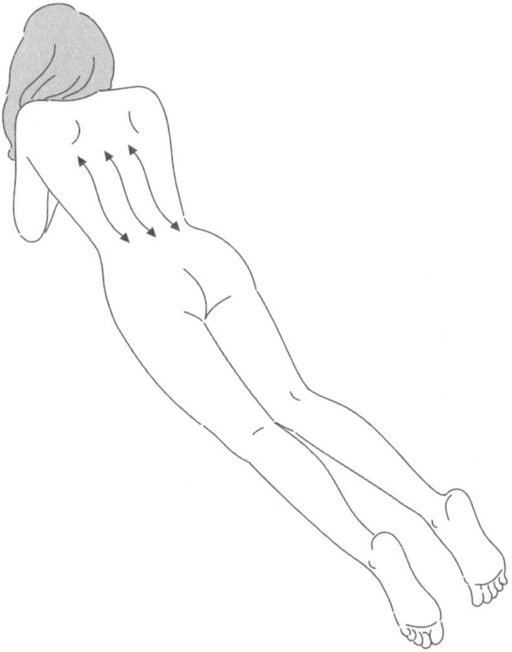

圖 8-3 身體背面也充滿敏感帶，可用手指輕柔滑過脊椎周圍和背部側邊的敏感部位

・下半身

下半身的緩慢撫摸，依序是：臀部→大腿背面→膝蓋窩→阿基里斯腱→腳底→腳趾，接著繞過內側腳踝，再順著兩腿內側往上，最後到達私處（圖8-4）。

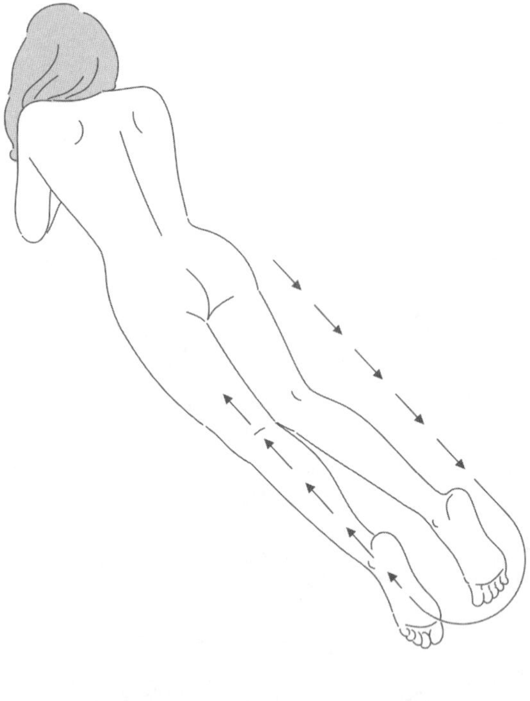

圖 8-4 透過下半身的緩慢撫摸，由臀部往大腿背面、膝蓋窩、阿基里斯腱、腳底到腳趾，再繞過內側腳踝，然後順著兩腿內側往上，最後到達私處

經歷過一整場完整的身體敏感探索之後，相信對方應該已經非常舒服（應該不會舒服到睡著吧），可以進入到性愛的下個階段囉。回到陰部之後可以再輕輕地用手掌蓋住整個陰部，有節奏地愛撫，等到感覺潮濕滿溢之後，就可以輕輕撥開陰唇，往陰蒂或陰道進攻了。

有高潮才算有做愛？

緩慢的撫摸與性愛除了可以開發你所不知道的身體敏感部位之外，也可以挑戰許多人對於「做愛＝高潮」的迷思。常聽到許多人討論要怎麼高潮，但卻很少聽到人們討論要如何讓彼此「舒服」。如果把每次的性愛終極目標放在「一定要高潮」，時常會給兩人帶來不必要的壓力，且高潮也不是照著標準流程一↓二↓三去做就會達成的事情，和每個人當下的身體狀況、精神狀態、心情，或各種環境因素都可能有關係。

除此之外，也不是每次高潮都會有一樣的感受，不同程度的高潮都有可能在不同的時候發生。雖然說做愛以高潮作為結束，對許多人來說感覺會比較舒服，但有著「有高潮才能完美作結」的想法，有時也是影響女同志伴侶雙方性愛意願的重要原因。尤其女女性愛通常耗時許久，「等她到都要好久，手痠死了」是很常聽到的伴侶間的甜蜜抱怨，如果把目標設在「讓兩個人能夠舒服放鬆地入眠」，彼此的溫柔愛撫也會是一個讓親密感無所不在的神奇良方喔！

維持性愛火花的祕密

要找到一個和自己在想法、興趣、情慾等各方面都合得來的人，可能比被雷劈到的機率還低，再怎麼樣「看起來」合適的兩個人，都有可能在某些方面有著天南地北的差異。「白雪公主」或「白馬踢王子」也是童話故事中的角色，現實生活中，人都會有自己的喜好、脾氣、情緒，幾乎不可能有人是完全符合另一個人期待的。

想想我們和朋友們的交往，怎麼樣的人妳會想持續和她／他當朋友呢？是不是有來有往，可以一起成長，一起聊天或有共同興趣的人，才會是妳長時間的朋友？不管在怎麼樣的關係中都一樣，如果只是一味給對方自己覺得好的東西而不顧對方的需求，或者只在對方身上挑選妳想要的東西，而不要其他不討妳喜歡的，這兩者都不是好的交流互動方式。

從父母對小孩的方式我們就可以理解到，如果父母一味地跟妳說，和異性結婚才是好的，否定妳真心想要的感情，是不是會覺得很傷心，覺得父母好像不了解妳、不愛妳呢？

其實性愛關係也是這樣的。真正的互動交流，是雙方都有給予和付出的感覺，才會真的滿足，而不是一方一味配合或者獨自壓抑，這樣不平衡的關係，很難長時間進行下去。就像貨物都放在同一邊的小舟，遲早會有一天失重、翻覆在大海裡，到時要在波濤中努力把船翻過來，重新平衡放置貨品，就變得難上加難了。

要再說明一下，這裡的「給予」和「付出」，並不是傳統男女性愛想像中的進入與被進入的關係，而是妳認為的「給予」和「付出」，以及她認為的「給予」和「付出」。隨著自我認同的不同，或者對於情慾想像的差異，每個人的施與受，我想都有很多不同的詮釋，例如有些人覺得兩人都要高潮才算，有些人覺得被女友勾引，心理和情慾上都會被滿足等等。不過有些偏踼的朋友，都有一個標準答案是：「看女友高潮就是我的滿足。」這一點有時我也會想要挑戰一下：這樣真的會滿足嗎？還是妳也壓抑了自己想被撫摸的慾望呢？或者從未有人表達過對妳身體的慾望，所以妳也不清楚自己是否喜歡被慾望的感覺呢？

想要，就勇敢地告訴對方，仔細聆聽對方想要的，只要溝通的管道暢通，性愛火花就不會消失！

好好

有了小孩之後

根據台灣同志家庭權益促進會的工作經驗指出，目前台灣已有超過三、四百組的同志家庭存在，尤其在二〇一九年通過同性婚姻專法後，更是有許多女同志伴侶、配偶們前仆後繼地開始生養小孩這條辛苦的不歸路。

直至二〇二一年，台灣依舊尚未開放女同志已婚配偶在台灣使用人工生殖法孕育自己的孩子，因此有許多的女同志伴侶們，是採取到海外使用人工生殖技術的方式來擁有自己的下一代。至於收養小孩，目前台灣也仍無法讓同性配偶合法地共同收養無血緣孩子，只有法律上的單身同志能夠透過收養制度成為收養人，再由政府委託的合法社福單位協助，來尋找願意出養孩子的家庭，進而擁有自己的孩子。

詳細擁有自己小孩的過程，歡迎追蹤或聯繫「台灣同志家庭權益促進會」來獲得相關資訊，在此就不贅述這辛苦的歷程。多數的同志伴侶都要花多過於異性戀夫妻十倍甚至百倍以上的金錢、資源與心力，才有辦法擁有自己的孩子，不論是透過人工生殖技術協助或是收養的系統，都會讓我們的同志生活有著劇烈的改變，當然也會強烈影響伴侶之間的關係與相處。

同志社群花了幾十年的時間，不論在個人或群體層次，都必須去對抗這個社會的汙名、偏見甚至是各種人身攻擊，我們要長成現在看似驕傲勇敢、面對社會的樣貌，其實已經花費了許多力氣，更何況是經營伴侶關係、家庭關係，當然也會面臨到重重的壓迫和困難。俗話說得好，「It takes a village to raise a child」（養大一個孩子需要一個村莊的力量），不要抗拒引入外部的支持系統或對外求援，如：祖父母、阿姨叔叔、妳的同志好友們，甚至是鄰居和其他同志家庭，協助妳們一起養育孩子，才有可能開創仍舊屬於妳們兩人之間的親密時刻喔。

孩子的到來，代表兩人生活的改變，妳們的作息可能會受到其中一方產後荷爾蒙的影響，當然也會隨著孩子的作息有所調整。因此，想辦法找到兩人獨處或約會的時間就變得非常重要，畢竟孩子的一舉一動都隨時有可能開啟你的性抑制減速器，而兩人如果同時減速，那原本期待的浪漫美好夜晚也就隨之泡湯了。

為性愛挪出一點時間，作為維持兩人親密感的開始，這並沒有你想得這麼簡單，但卻十分重要。如果妳們不斷擔心著小孩是否醒了、門鎖了沒、工作郵件還沒回或者其他千千百百件令人煩心的事情，想必會非常難跟快感或性感建立連結。記得我們在第一章所談過的各種加速和減速的因子嗎？先嘗試找出妳對情境的要求是什麼，有哪些東西能讓你感到安全無憂、能放心享受性愛，跟伴侶溝通好，事先處理好你們的需求，讓彼此無後顧之憂地專注在對方身上。

不管是喜歡待在家中或設計一個特別的夜晚外出過夜，都可以事前為孩子安排值得信任的保母或親友照顧。我知道這並不容易，但試著今晚先別談工作、孩子，或那些會讓你感到性慾減速的事情，花點時間和力氣，把關注放回伴侶身上是值得的。

如果妳們之間的性慾需求有所落差，這時就要開啟溝通來嘗試達成共識了。在「二〇二一拉子性愛百問」中，有百分之五十的人表示「兩人性需求無法配合」是她們最困擾的問題。有些人的性刺激系統加速器比較敏感，對她們來說，性可能是紓壓的管道之一，但也有些人的性抑制減速器比較敏感，生活中的疲勞跟壓力對她們來說，都是抑制性慾的來源，要先釐清彼此之間的差異，才有可能尋找到雙方都能夠接受的解決方法。記得，長期伴侶關係中時常會需要妳的妥協，可能解決方法沒辦法全盤符合你的期待，但通常在彼此理解和溝通之後，能夠尋找到雙方都能七成滿意的狀況，那就很棒了喔。

開啟溝通前，先思考一下，妳期待的每週、每月性生活天數和狀況為何？妳是希望頻率高一點，但每次不需要太長時間？還是妳希望的是頻率不需要這麼高，但過程的品質和親密感都要很好？雙方思考之後，可以交換一下想法，確認雙方期待的落差在哪裡，再一起討論出兩三個雙方都能接受的方案，隨時保持調整的彈性也很重要喔。

如果沒有性生活，但彼此都很滿足……

曾經有人問過我，如果沒有性生活但雙方都覺得很滿足的話，那這段關係還算是有問題嗎？

這其實要問當事人自己，如同我前面所說的，想要怎麼樣的性生活，是妳要和自己對話討論的功課。每個人對於慾望的期待或需求生來就不同，和另一個人開始親密關係的旅程之後，也會被許多不同的條件所影響，進而和另一個人拉扯、調整自己，最終達到平衡的狀態。重點是雙方是否都認為有滿足、愉快和親密，或許有些伴侶交往了幾十年，對彼此的性慾比剛開始熱戀期降低許多，但親密感的需求依然存在，可能可以從其他面向來滿足，比如說：晚飯後的牽手散步、出門前的吻別、低潮時的陪伴和擁抱等等。當關係有愈來愈多層次的厚度出現，兩個人對彼此的信賴與支持愈來愈深時，性愛在親密關係中所占的比例自然也會下降，這是一件相當正常的事情。

如果兩個人對於完全沒有性生活都是能夠接受且滿意的，這也沒有太大的問題，比如說：無性戀的朋友們，可能就比較不會有性的慾望，但依然有親密關係的需求。不過，在多數的伴侶關係中，性生活通常也是彼此溝通互動的延伸，平常生活不太有交流的伴侶，通常在身體上的距離也會較為遙遠，甚至停止溝通了。

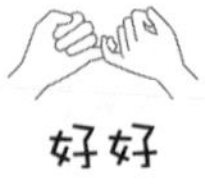

我在女同志社群中觀察到的狀況，性生活不協調常會是拉子情侶分手的「潛原因」，大家通常不會對外說，但仔細一問，分手的情人們停止慾望彼此的身體通常已有一段時日，這也反映出兩人的關係出現了一些難以解決的狀況。這時如果能有一些專業資源（如：伴侶諮商、性治療師等）進入協助，或許也有機會將伴侶關係重整，邁入新的境界。

如果妳正在思考要進行開放關係或多重伴侶

在「二〇二一拉子性愛百問」調查中，一千一百一十一位有伴侶的填答者中，伴侶關係的狀態以「一對一封閉式伴侶關係」為最多，是百分之九十三點六（一千零四十位），但也有百分之三點四（三十八位）的人是「開放式一對一伴侶關係」，代表這些人有固定伴侶，但彼此開放對方和別人上床，至於在怎麼樣的條件下開放，每對伴侶應該都有自己的規則和討論。另外，有百分之一點二（十四位）的人是「封閉式多重伴侶關係」，意指有一位以上的伴侶，但彼此不開放和非關係內的人上床；也有七位朋友表示他們是「開放式多重伴侶關係」，代表他們有一位以上的伴侶，也在討論合意的狀況下開放和別人上床。

這幾年多重與開放關係的討論漸漸增加，如「波栗打開開」的線上社群，或專營異性戀開放社群的「拆框工作坊」，其所舉辦的各種活動也在台灣各處展開；多重與開放關係的經典著作《道德浪女》也在十七年後出了第三版，中譯本也很容易購買到。如果妳正在思考進入這個社群，現今已不若過去資源缺乏，也不少認同為女同志、雙性戀女性或酷兒女性的朋友們，願意分享自身的關係開放經歷。

《道德浪女》的譯者張娟芬在新版序言中，道出一個重要觀點：許多主流社會中的聲音，或一些錯誤的新聞，誤把劈腿當開放，很多人以為多重關係或關係的開放，是在玩弄別人感情，或是任憑性慾肆虐、不顧他人感受。但在「道德浪女」的世界中，完全不是如此。如果妳想要深入了解這個議題，歡迎閱讀此書或搜尋社群，在此我只簡單描繪一下開放或多重關係的樣貌。

先說結論，**開放或多重關係不是特效藥，無法解決妳原本在關係中的問題或創傷**，何況這類似的親密關係中的主要課題，一直都是如何克服嫉妒、不安與處理關係中的衝突。每個人選擇進入開放或多重關係的原因各有不同，但最為挑戰之處，在於如何去認識自己、自我覺察、溝通並制訂協議，以及經營關係與設定界線。

合意是開放／多重關係，與偷吃劈腿或外遇完全不同的重要關鍵。所有參與者都必須明白這段關係的本質，不能有人是被迫的、受到壓力的，或被強加在他們不想要的關係中。誠實，也是非單一伴侶關係和偷情不同的關鍵因素，傳統的異性戀婚姻常有欺騙的外遇行為發生，而且通常是女性的那一方，甚至會被要求默許類似行為的存在，因為「男人就是管不住自己的下半身」、「只要他有回家就好了」。但如果我們無法表達出我們的需求、要求或感受，通常很難與人產生連結或有深入的交流，更遑論建立深刻的親密關係，因此誠實也是在經營非單一伴侶關係中的關鍵因素。

所謂的開放式關係，意指雙方約定好在知情合意的狀況下，兩人都能跟其他有興趣的對象來往。至於多重伴侶關係，則多數是指妳擁有一位以上的穩定親密關係，有可能是在原本的伴侶關係中增加一人或多人，也有可能是伴侶中的其中一人增加另一位親密伴侶；有些人會有清楚的位階關係，有主要伴侶與次要伴侶，但也有些人可能有不只一位的主要伴侶。

我知道，要在親密伴侶面前誠實說出「我想要跟別人發生關係」、「我喜歡上了前陣子認識的那個女生」、「我們之間的性已經不再吸引我，我還很愛妳，但也想跟別人發展火熱的性愛」是很困難的。類似的言論在傳統的一對一伴侶關係中，通常不只是禁忌，而是說出來就等於「分手吧」。但在認同開放關係的社群裡，只要符合「合意」、「誠實」的基本原則，且有意願能夠自我覺察、練習感受嫉妒的情緒，以及設定彼此的界線，或許可以讓彼此的慾望與愛都更加自由。因此，如果伴侶中其中一方想要嘗試開放，而另一方有感覺到「因為愛她，所以我只能接受」等類似的想法，就需要再想一想這會不會達成不平衡的關係喔。

想進一步了解、實踐這樣的非單一伴侶關係的朋友，我強烈建議妳先閱讀完《道德浪女》。由於第三版的《道德浪女》加入許多非二元性別的內容與元素，不只侷限在異性戀的伴侶樣貌中，也是非常適合同志社群閱讀，進而思考自身的情緒、情慾與關係樣貌的讀物。

第九章

女同無法歸類

好好

第九章　女同無法歸類

全世界的女同志都知道，市面上不論是歐美或日本出品的女同志A片（Lesbian Porn），都不是拍給女同志看的，九成九的女同志A片都是拍給異性戀男人「幻想中」的女同志看的。

在「二〇二一拉子性愛百問」中的受訪者，有百分之五十七的朋友認為「A片中的女女情節過於粗暴且物化女性」是她們不喜歡看A片的主要原因，其次依序為「男主角很醜」、「女女A片缺乏安全性行為」、「不想看到陽具」等，也有受訪者表示「看A片好像有點對不起伴侶」以及「不喜歡看到男女做愛畫面」。

八大女女A片令女同志摸不著頭緒之處

1. 戴了水晶指甲的手指插入陰道不會痛嗎？
2. 沒有人摸，為什麼女優還會自動一直叫？
3. 到底誰會這麼用力地搓陰蒂？
4. 陰道不是亂捅就會高潮的好嗎？
5. 為什麼一定會出現超大根的假陽具？
6. 到底最後十分鐘的那個男人是從哪裡莫名出現的？
7. 男人出現以後，兩個女的都去舔他是怎麼回事？
8. 到底哪裡才有拍給女同志看的A片……（無力飄走）

正港女同志A片哪裡尋？

在前述調查中，有許多受訪者表示，如果有拍給女同志看的A片，希望內容要有「踢婆角色」、「正妹」、「脫束胸的哏」、「多元的性愛方式」、「好聽的叫聲」等；許多人也希望內容稍微真實一些，不要一直出現特技表演的橋段。

以下幫大家整理了一些我所能尋找到的女同志情慾資源相關訊息[10]，多數是歐美地區女同志們自發性產出的資源，希望也造福一下台灣的女同志社群。其中有較為商業化的公司，特別蒐集或產出女同志會比較喜歡的情慾片，但有一些導演本身也是同運人士，或自我認同為酷兒女性（Queer Female），希望以酷兒精神來創造、挑戰性與性別的影像作品。

傳統A片時常將女性塑造為無思想或意志的角色，只是為了取悅或滿足男性的渴望；在A片產業中，女優也時常被包裝成如洋娃娃一般的美麗存在，但失去了個人的思想與價值，無止境地被剝削勞力來拍攝各種符合男性幻想的A片。而在女性主義的影響，以及酷兒精神的解構之下，不少女性開始自發性地創造更加平等的、不剝削任何人的情慾資源，要推翻許多傳統A片中的性別與種族刻板印象，且去表達出女性在性當中的真實感受。這些女女A片演員，更多是有意識地在和整個劇組一同創造給女同志或酷兒女性的情慾資源，與過去我們的想像——女優是走投無路只好「下海」去拍A片——差異甚遠。甚至當中有不少演員都表示，開始拍攝A片之後，讓她們重新思考了自己看待身體、性與性別的角度，也對自己的身體與情慾更加有自信。

當然，很遺憾地，在這些極少數的女同志／酷兒A片選擇中，亞裔面孔或多元的身體形象依然很少見，金髮碧眼的白人依舊占多數，連黑人或墨西哥裔都相當少見，希望未來能夠有更多選擇，或台灣也能出產自己的女女情慾資源。

女同志情慾片網站

1. Pink and White Productions（http://www.pinkwhite.biz）

Pink and White Productions是一間於二〇〇五年在美國加州舊金山成立的A片製作公司。他們主要拍攝、製作網路與實體的DVD，目標群眾是女性與酷兒社群（這裡的酷兒社群還包含跨性別、BDSM愛好者與雙性戀女性等不同的性少數社群）。此公司長期致力於產出更貼近真實與平等的酷兒情慾資源，因此也曾在美國最大的女同志雜誌《*curve*》中得獎，也曾獲得女性主義A片大賞（Feminist Porn Awards）。

10 特別感謝Queerology、台灣國際女性影展、Das Kino波電影、PTT的Lesbian版，與其他網路上努力尋找相關資源的朋友們。

2. QueerPorn TV（http://queerporn.tv）

QueerPorn TV 是二〇一〇年由酷兒色情片表演者 Courtney Trouble 和 Tina Horn 所創立的。除了拍攝酷兒A片之外，網站也提供空間讓自拍者可以上傳自己的影片。QP TV 的演員介紹中，可以看到不少位跨性別朋友，不論是女跨男平胸手術痕跡，或者是男跨女的胸部與陰莖同在的多元身體形象，都很顛覆傳統的想像，但也能看到各種身體的美麗。這也是我少數有看到亞裔和非裔演員參與的A片製作網站。

角色扮演怎麼玩？

角色扮演通常會是一個重新激起兩人火花的重要小遊戲。兩個人在一起的時間一久，很難避免做愛變成做功課，固定的流程讓雙方都覺得無趣了起來，這時角色扮演就可以是為性愛注入活水的關鍵喔！

平常在討論情慾想像時，就可以稍微探聽一下對方到底有沒有什麼喜歡的性愛場景幻想，多蒐集一些進入角色的台詞或劇本。比如說：高中籃球隊帥氣學姊 vs. 高一稚嫩小學妹；學校性感女教官vs.不守規矩被叫去罰站的小踢；應召女郎／帥踢牛郎到妳家；陌生人闖入沒鎖好門的公寓中；嚴厲的女主管vs.新來受訓的女下屬；帥氣有肌肉的踢按摩師vs.工作疲憊的女強人姊姊等。妳可以突破任何性別、年齡、身分、職業的限制，唯一可以限制妳自己的，就是腦袋中想像力的極限。

一般來說，大家想到角色扮演，可能很快地會想到「女僕」、「護士」、「水手」等，要進入類似角色的情境，上網購買特殊的戰鬥服和相關配件是最方便快速的選擇。一般的情趣用品網站和拍賣網站上，都會販售角色扮演的服飾，可挑選符合自己需求的商品，但網購時要注意尺寸標示是否符合自己的身形。

除了特殊的角色扮演服飾，家裡偶爾備有一兩件若隱若現的性感內睡衣，也可以在臨時興起的夜晚，在對方洗澡時趕緊穿上，給對方一個驚喜，創造一個甜蜜的夜晚。而比較陽剛的踢或是主動的那一方，也可以探詢對方喜歡的外型打扮（比如：白色襯衫隱約露出運動內衣的打扮），在特別的日子營造對方喜歡的氣氛。

網路上針對各種角色扮演的討論，常限縮在男女異性戀之間的樣板，或單純女性的角色扮演，以滿足男性的想望與需求。擁有較少樣本的女同志們雖然相對缺乏SOP照著執行，但好處是有很多的空間可供妳們發揮，只是要注意，有時長時間下來仍可能有一方很努力準備、另一方單純接受與獲得滿足的不平衡關係出現，切記討論出雙方都可以平均負擔準備工作的角色，才能讓雙方都同等地投入情境喔！

・角色扮演前的三大準備

1. **想好角色與台詞**。多數人都不是編劇天才，除非妳演妳自己，不然常會不知道到底要講些什麼，最後總是會以笑場作為結束。事先想好妳們喜歡的角色和台詞，再輔以臨場創意，就可譜出一段特別的回憶。
2. **事前蒐集好相關服飾與配件**。特別的服飾和打扮，可以讓雙方較容易進入角色的情境中，穿著平常在家的睡衣，要扮演性感幹練的女主管或帥氣的健身教練，怎麼樣都有點難想像吧！上網尋找一些平價的角色扮演服飾，或運用巧思重新搭配自己平常的服飾都很不錯。
3. **雙方有共識要做事前心理準備**。角色扮演最忌諱的就是其中一方興致勃勃投入，另一方覺得尷尬而中斷演出，幾次下來就會讓人心生抗拒。我們都不是天生的演員，可在要開始前雙方分開一些時間獨處，或下班後不要一起吃飯後直接回家或去Motel，中止平常的行程，兩人再見面的時候就一起進入角色的狀態吧！

關於皮繩愉虐（BDSM）

BDSM在台灣被翻譯為「皮繩愉虐」，為一切非典型的情感、慾望、實踐或關係態樣的統稱（晚近亦開始有人以更加籠統的「kink」一詞統稱之，在台灣被翻譯為「禁羈」），其中包含以下項目：

1. **施虐與受虐**（Sadism & Masochism, S/M）：即身心疼痛的合意施予與承受。身體疼痛如鞭打、滴蠟等，心理疼痛如羞辱、驚恐等；有些手段可能同時導致身體與心理疼痛，如踩踏。
2. **支配與臣服**（Dominance & Submission, D/S）：即於平等基礎上合意建立的不平等關係，類似一種角色扮演，但這種扮演有可能是長期的，如主人與奴隸或寵物、父母與子女、兄姊與弟妹、老闆與祕書、導師與學生等關係態樣。所謂平等基礎，即彼此在締結關係前，盡力告知對方相關資訊與風險，並確保其中沒有經濟依附或權力壓迫等情況發生。
3. **拘束與規訓**（Bondage & Discipline, B/D）：對身體自由與決定自由的合意限制。拘束手段包含捆綁、手銬、膠衣、刑架；規訓手段包含下指令、制訂規矩並施行賞罰等。

以上這些項目彼此獨立，也可以任意排列組合或流動，所以施虐者可能是支配者，也可能是臣服者；受虐者可能喜歡，也可能不喜歡被支配、拘束或規訓；曾經只喜歡施虐的人，可能某天突然發現自己也喜歡受虐（像這樣同時享受施虐與受虐或支配與臣服的人，稱之為Switch，簡稱SW）。

而**BDSM互動或關係必須建立在足夠的信任基礎上，施予方必須時時注意承受方的身體狀況與心理感受，也需要在開始前仔細討論彼此的底線，同時建立安全詞或暗號**，在不想要繼續下去的時候表達並停止，不是一方想做什麼就做什麼喔！

台灣對於BDSM的了解，到近十幾年才比較慢慢被眾人所知曉，多虧有「皮繩愉虐邦」的創立，透過教育、舉辦活動與展演、在媒體發聲等努力，讓「愉虐」慢慢跳脫出「變態」的汙名。如果妳有興趣想了解更多，歡迎參考本書附錄，去認識其他同道中人。

對BDSM有興趣鑽研與了解的朋友，當中不只同性戀，也有雙性戀、異性戀、跨性別和非二元認同的參與者。這些參與者對情慾、實踐或關係態樣的想像通常較為多元，對於各樣的非典型親密互動也可能多方嘗試；性傾向或性別認同對其未必會是一個最主要的關注議題，因彼此的需求與界線才是這些參與者在互動前最該先深入了解的，包含那些被壓抑的渴望和邊緣的性幻想，以及情慾的能動性與多樣性。

·迷思一、這不是很變態嗎？

BDSM是一種偏好，每個人都有自己不同的、各種的偏好，隨意以自己的經驗去評斷他人的個人嗜好，或因不了解就罵和你有所不同的人變態，都過於簡化每個人的狀態。就像很多異性戀會因為不了解同性戀而隨意評論，甚至謾罵，是不是也聽起來令人很不舒服呢？就像有些人口味清淡，喜歡蒸食，但有些人就喜歡辛辣食物，如果硬逼重口味的人每天吃粥，或逼口味清淡的人天天吃辣，不是讓雙方都不快樂嗎？每個人對於情慾或關係的喜好，都是很自然存在的，就像妳會喜歡女生，或對女生的身體有感覺，也是很自然而然的。

妳是否曾經在做愛時，有想要壓制伴侶或被伴侶壓制的慾望？或是希望把對方綁起來／自己被對方綁起來？當眼睛被蒙住時會感到很興奮？想到可以把對方用繩子綁在床頭就覺得慾火難耐？激情的時候，想打對方的屁股或被打？

許多人多多少少都有嘗試過其中一些選項，只是沒有非常認真去探討這方面的慾望，或去了解專業的相關知識。只要不傷害他人，任何的性喜好都不該被視為「變態」。BDSM的相關團體或社團的存在，就是在教育大家如何以「安全」、「理智」、「知情」、「同意」的方式彼此溝通，建立這樣的多元情慾關係。

．迷思二、被虐的人都是被強迫的吧？好像很痛苦耶！

BDSM中的S／M，過去較常被人所知，近年來D／S中的主奴概念和B／D中的繩縛和調教也慢慢被討論了起來，但許多人會投射自己對於暴力的恐懼在BDSM的活動當中，甚至根據皮繩愉虐邦的朋友表示，過去舉辦活動也遭遇過民眾抗議說：「你們不知道白曉燕[11]就是被綁起來活活打死的嗎？竟然推廣這種事情？」這樣誇張的類比，也顯示出社會對於BDSM的實際進行過程並不了解。

所謂「愉虐」，即代表這件事情對雙方來說都應該是愉悅的來源，而非痛苦。在BDSM的社群中，非常強調在進行過程中彼此「知情同意」，也就是安全、理智與雙方同意是最重要的準則，並且這三者都很重要。有時候在遊戲的過程中，很難去界定當下的狀態是否已經達到身心的極限，因此雙方討論出安全詞或暗號也是相當重要的。通常安全詞會是平常在性愛遊戲中很少會用到的詞彙，比如說：芭樂、星星知我心、炒菜鍋等，或方便理解且國際通用的「綠燈」（表示很棒或再多一點）、「黃燈」（表示緩一緩或需要調整）、「紅燈」（表示立刻停止），並不適合使用「不要」、「求求你停」等有時在扮演角色的過程中會使用的詞彙；而常用的安全暗號則包括「把手上握著的東西放掉」、「發出連續三聲嗚嗚聲」、「連續點頭三下」等，來讓彼此知道現在應該放慢或停下。

如果伴侶之間想要嘗試，尤其在有角色扮演或對方難以出聲的情況下，一開始一定要先設定彼此都同意的安全詞或暗號，以在必要時即時回到彼此都覺得合適的安全狀態。不過，由於安全詞的功能就是為了破壞氣氛，其實很難說出口，對很多人來說，直接說出感受反而是比較容易的。要是對方只是想要調整卻不想停止，就可能會因為不想破壞氣氛而不願說出安全詞，如果另一方又因為依賴安全詞而疏忽觀察，就可能會繼續做讓對方感覺不舒服的事，反而容易造成傷害。所以，在非角色扮演且對方可以出聲的情況下，未必需要約定安全詞，即使約定了安全詞，也不能輕率認定「只要對方沒喊出安全詞就表示我可以繼續」。在進行過程中持續觀察對方的意願，比如對方的身體有無僵硬或閃躲的反應等，是相當重要的。

被強迫的性虐待關係，叫做「強暴」、「暴力」、「傷害」、「虐待」，不叫性愉虐，而在BDSM的遊戲中，絕對不可以強迫使用在不情願的伴侶或另一方身上，也不能在彼此意識不清楚（如：使用藥物或酒精）的時候，讓對方半推半就進行，這都違反了BDSM的原則。

11 白曉燕為知名藝人白冰冰之女，於一九九七年被陳進興等人綁票殺害，為台灣有史以來最重大刑案之一。

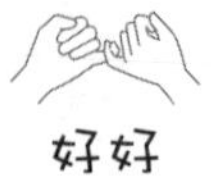

·迷思三、好像很可怕很危險，應該會受傷吧？

繩縛或鞭打等行為，都需要技巧才能做得恰到好處。有些喜歡被打的人，是喜歡當下的痛感或聲響，但不一定希望留下傷痕，所以使用特別設計過的器具，比如說軟皮散尾鞭，可以揮出響亮的聲音，但其實打在身上並沒有妳想像中的這麼疼痛。所以，請不要隨意拿家中的物品（如：過細的童軍繩或過硬的塑膠繩）來操作繩縛或鞭打等行為，此外，錯誤的綁法也可能會在扭動過程中變得過度緊繃，影響血液流動，甚至壓迫神經，千萬要注意。

如果不想另外花錢買相關的器具，也要事前在自己身上好好測試妳想要用的物品（如：皮帶）打出來的感覺，力道才能夠控制得當。另外，在有些A片中可以看到蠟油滴在女生的身上，那也是特別設計的低溫蠟燭，要在情趣用品實體店或網路商店購買，五金行可是買不到的唷！

台灣目前尚未有公開的、正式的女同志BDSM社群，但在皮繩愉虐邦中有長期關注此議題的女性們，私下打造了一個安全友善的女性限定LINE群，提供給對BDSM有興趣且想要與女性實踐的女性們彼此認識與交友。皮繩愉虐邦也有開設專屬女性的BDSM相關課程，相關訊息歡迎參考本書附錄。

第十章

安全的性與婦科健康

第十章　安全的性與婦科健康

在異性戀的男女性愛中，意外懷孕始終是讓多數人最擔心、焦慮的，又因為台灣從就學到就業的政策，對孕婦都不甚友善，懷孕對女性來說，不只是有了下一代如此簡單，也代表她可能必須停止學業、調整工作內容或盡快去結婚。也因此，「如何避孕」在男女性愛的討論中，一直都是非常火紅的話題，各種千奇百怪的偏方都有（當然最保險的還是正確使用保險套，以及搭配定期使用口服避孕藥）。至於「性病預防」的概念，異性戀社群目前為止都還停留在比較淺層的討論，或一味地呼籲大家請以「單一性伴侶」為主，相關的進一步資訊也較為缺乏。

而在男同志社群裡，感染愛滋的恐懼從八〇年代就瀰漫整個社群，縱使每個人都知道

ＨＩＶ病毒不會只挑選同性戀攻擊，異性戀如果進行未正確使用保險套的性行為，依然有感染愛滋的風險，但到了數十年後的今天，仍有許多台灣人（包含同志自己）仍不理性地相信男同志一定會感染愛滋，甚至有許多同志青少年在沒有任何性經驗的狀況之下，依舊非理性地深信自己會在三十歲前得到愛滋病死去。因此，政府的愛滋政策規劃與防疫的公共衛生預算仍大量投注資金於男同志社群，做愛滋防治的工作，卻長期忽略異性戀社群的公衛預防教育，以及女同志社群的安全性行為宣導（或許他們也覺得女同志不需要安全性行為）。

女女安全性行為到底是什麼？

許多人聽到「女女安全性行為」的第一反應，通常是：「女生跟女生不是很安全嗎？不會懷孕又沒有愛滋風險，哪需要什麼保護？」這樣的想法也凸顯出台灣多數人對於安全性行為的狹隘想像。

其實安全性行為所要預防與宣導的概念，不只是懷孕或者ＨＩＶ病毒，還有更多不同型態的性傳染疾病，以及身體保健的相關知識。在「二〇一一拉子性愛百問」的調查中，雖然有百分之九十四的受訪者表示「女女安全性行為很重要，每個人都需要注意」，其中卻只有百分之五十四的人表示「幾乎每次都會進行安全性行為」，顯示多數人的認知與實踐行為有不小程度的落差。這樣的落差有可能來自於安全性行為技巧學習的來源有限、不知道如何實踐安全性行為、遇到實踐不順利或挫折時沒有人能協助解答疑問、不甚了解安全性行為具體可帶來什麼好處等等。接下來，就讓我們一步步來了解一下，到底怎樣才能安全又開心吧。

陰部的正確清潔

在正常情況下，女生的陰道裡面有許多乳酸菌，使陰道內環境呈弱酸性，可抑制外界的細菌，維持並保護陰道健康，因此有些微酸味屬於正常狀況。故平常沒有特殊症狀時，只需要用一般的方式清潔外陰部即可，不需要特別深入沖洗陰道。

過去有許多陰道沖洗液等產品廣告，宣稱女性的陰道內部要常清洗，以保健康與芳香，同時也傳遞了「女性陰部味道難聞」的錯誤觀念。因陰道沖洗劑之成分通常具有較強的殺菌效果，會連陰道內的益菌一同消滅掉，破壞原本的酸鹼平衡。而且在使用此產品、置入陰道的過程中，不但有可能會將細菌帶入陰道，還有可能把細菌沖進子宮腔，引起上行感染，如骨盆腔發炎等。

女性的陰部是汗腺密集之處，陰毛也有可能會在一整天的數次排尿之後沾上一些尿液，加上如果常穿著尼龍或牛仔等不通風材質的內褲或外褲，產生味道是很正常的事情，通常清洗之後即會恢復陰道本來的氣味。如果有非常強烈、與平時不同的氣味產生，或者有很清晰的臭味，有極大的可能是已遭受不同菌種的感染，要盡速去看醫生唷。

平常洗澡時可以使用弱酸性、成分溫和的私處清潔露清洗外陰部[12]。盡量不要用肥皂清潔陰部，肥皂水也盡量不要拿來沖洗陰道，由於肥皂多是弱鹼性，和陰道的弱酸性相衝突，較容易改變陰道的平衡狀態，不同菌種入侵的時候就比較容易感染。

除了陰道之外，女性的尿道保健也很重要。因女性的尿道較短，而且位置接近陰道口與肛門，如果沒有做好事前的清潔工作，在進入或愛撫時，便很容易將外陰部或肛門的細菌帶入尿道，造成尿道甚至膀胱發炎。輕微的話，會有頻尿、排尿時有灼熱感等症狀，嚴重

12 一般藥妝店即可購得，有eve舒摩兒、賽吉兒等海外廠牌可以選擇；現在網路電商販售也能購得，例如台灣新創公司Womany女人迷和綠藤生機根據台灣女性需求所聯名推出的「ME TIME女性私密沐浴露」，還有孕婦也可使用的經典版。

時甚至可能出現血尿的情況。

為了避免自己或伴侶經歷這樣不舒服的症狀，除了清潔仔細之外，大家在做愛前後也可以多喝水，在性行為之後排尿也可以減少細菌在尿道滋生，降低尿道、膀胱感染的機率。特別是做愛完後清洗一下再相擁入睡，才是最甜蜜又健康的喔。假使很不幸地，甜蜜完之後，妳或是妳的伴侶還是出現了發炎、感染的症狀，在症狀輕微或短時間內無法就醫的情況下，可以自行到藥房購買抗黴菌軟膏塗抹在外陰部上，即可緩解症狀，但還是建議大家盡速就醫。如果未見療效或症狀嚴重，甚至已經有出血的狀況，切記一定要去看婦產科。

此外，多喝蔓越莓汁也是保健陰道的好方法。蔓越莓中含有大量的花青素（不容易受到食品加工程序影響），能夠抑制細菌，包括大腸桿菌，黏附於尿道壁上，讓細菌無法在泌尿道生長，有效預防尿道感染。但要注意的是，喝蔓越莓汁只是一種保健之道，不能當作治療感染的方式，發現感染症狀仍應立即就醫檢查。

除了清洗陰部之外，清洗雙手也是超重要的步驟。或許很多人不知道，雙手可能是全身上下最多細菌的地方，試想妳每天起床之後摸過多少東西，出門騎車、開車，喝飲料、吃飯到處摸摸摸，雙手比妳所想像的髒太多了。所以，要做愛之前，千萬記得清洗雙手，平常也要定期修剪指甲，以避免指甲縫隙中藏汙納垢。修剪指甲後，也要注意指甲邊緣的銳利處，可拿銼刀以垂直方向磨圓指甲剛修剪後的尖銳邊角，才不會刮傷細嫩的陰部肌膚或陰道內黏膜唷。

女女性行為也要做好防護措施

保險套和潤滑液不只是男同志和異性戀的專利，女女做愛時這些好幫手也會適時派上用場，別太侷限了這些工具的用途。而現在更有女同志性愛的好幫手：指險套，提供給大家更多的選擇。

女女做愛最重要的就是乾淨的雙手和指甲的修剪，但如果一時激情難耐或不幸停水、不方便洗手的時候，隨身準備的保險套或指險套就可以派上用場了。通常保險套的大小比較適合放置兩至三隻手指頭，也可套在情趣用品上做安全隔離之用。慣用一隻手指的朋友，建議可購買市面上的指險套產品，不僅清潔衛生，也可以兼顧激情時的需求。使用上，可適時搭配潤滑液（請參考第六章），記住，對女生來說，濕滑永遠都不嫌多唷！

・保險套

女女使用保險套常擔心在陰道抽插時套子滑落，也有不少人反映保險套和手指尺寸不合，事實上可嘗試將食指與中指伸入套到儲精囊中，妳就會發現尺寸還滿合的，或是將保險套往下拉至手掌，用大拇指輕壓住，也比較不會難以控制。

・拉子的福音：指險套

或許有些拉子朋友會覺得保險套的味道不佳，或是覺得跟手的尺寸很不合，所以不太喜歡使用，在二〇一〇年市面上出現了為指交量身訂做的指險套，不但尺寸相當適合一隻手指頭穿戴，味道也較好聞，大大解決了拉子性愛中會遇到的安全與衛生問題。

使用時可將慣用的手指頭先套上一隻，再用沒套上指險套的其他手指輕輕地觸摸陰道口，去感受陰部的濕潤是否準備好了。

指險套最主要是為了阻隔手指甲或手指邊緣死皮的尖銳部分，也可以避免容易藏汙納垢的指甲縫，感染了陰道內部的健康。所以並不是未戴上指險套的手指或手掌完全不能觸碰陰部，而是當要進入陰道或是刺激陰蒂時，手指可能會長時間或快速摩擦，為避免因此而產生傷口或感染，建議使用指險套來進行安全的性行為。如果還想要再增加進入的手指數量，可再套上指險套，即是進可攻退可守的選擇。

保險套／指險套購買小叮嚀

購買保險套／指險套時，除了注意牌子、效果之外，還需要注意有效日期以及外盒完整與否。拆開盒裝後也要摸摸看鋁箔包裝有沒有液體外露，或檢查保險套的顏色與氣味是否跟標示相同。

最後，保險套／指險套的保存也需要注意。如同一般藥妝品，保險套／指險套也需要保存在陰暗處，且放在隨手可得的地方（像是床邊）是最好的。若要攜帶出去使用，可以個別放在一個小袋子裡，或是放在包包夾袋等不會跟其他物品擠壓到的地方，以免保險套／指險套變質引起陰部的感染。

認識婦科性傳染病

・HPV病毒

HPV病毒，中文又叫人類乳突病毒（Human Papillomavirus），是一種比細菌還小的微生物，屬於濾過性病毒的一種，有許多不同的型別。低危險型HPV（最常見為第六、十一型）會導致菜花或輕度子宮頸癌前病變；高危險型HPV（最常見為第十六、十八型）會導致子宮頸癌及其他癌症，包括外陰癌、陰道癌等。

HPV病毒主要是藉由性行為或外生殖器肌膚接觸感染。若手指上沾有HPV病毒、與別人共用性玩具或口腔有傷口時進行口交，在接觸陰道後，就極有可能將病毒帶進對方陰道而感染HPV病毒。在不知情的情況下持續感染而未給予治療，最終可能會導致子宮頸癌。除此之外，依然有可能因為其他危險因子（如家族史、抽菸等）而得到子宮頸癌，因此，除了要確保清潔外，定期抹片檢查也很重要。

在「二〇二一拉子性愛百問」調查中，有百分之七十七點六的受訪者「從未」做過子宮頸抹片檢查，跟十年前的百分之九十未做過子宮頸抹片的高比例相比，有做抹片的比例雖已增加不少，但仍有進步空間。我們推估，由於政府的政令宣導內容是「有性行為的女性，一年應至少做一次子宮頸抹片檢查」，但對於「有性行為」的定義為何，卻總沒明說（這也表示大多數人對於性行為，只有陰莖插入陰道的單一想像，常無意間排除非此模式的性行為），加上前往婦產科篩檢或就醫時，中性氣質時常讓女同志感到彆扭，又會面臨不知道是否可出櫃之議題，自然降低了篩檢的意願。

根據台灣女人健康網日前的轉譯文章表示，英國國民健康服務體系在二〇一九年六月的調查中，發現有五分之一的女同性戀和雙性戀女性未曾做過子宮頸抹片檢查，有百分之二十一的女同志或雙性戀女性認為自己罹患子宮頸癌的比例遠低於異性戀女性，因而未能獲檢。也因此在篩檢率過低的狀況下，由於無法及早發現、及早治療，和女性發生性行為的女性依舊有可能遭受HPV病毒的感染。

在台灣，超過三十歲的女性一年可有一次免費子宮頸癌篩檢的機會；美國有些醫療機構將篩檢年齡標準降低至二十一歲（不論有無性行為），聯合國也已將篩檢補助調整至二十五歲。但如果已有進入式性行為，大多數醫生都建議該定期篩檢，在台灣的自費費用約三百到五百元不等。一般的婦產科、醫院都有接受子宮頸抹片的檢查預約，如妳的職場上有定期健檢的員工福利，建議可加做子宮頸抹片。而若從未與男性發生性行為，也有醫生建議三到五年做一次，但由於子宮頸若曾發炎容易重複復發感染，一次未檢驗出，並不代表完全沒有患病的可能性。

抹片檢查其實就是拿一支類似棉花棒／刮片的工具，用鴨嘴器張開陰道後，進入陰道，輕輕在子宮頸處抹下一些組織細胞。根據操作人員的技術不同，多少會稍有不適感，但多數是因為受試者本身緊張的緣故，可先做好心理準備，放鬆受檢即可。

抹片檢查前後的叮嚀

1. 檢查前一夜不要有性行為。
2. 檢查應避開生理期間，較適合的時間為月經前四到七天，乾淨後二到三天。
3. 檢查前三日起，勿做陰道沖洗、使用陰道內藥物、避免盆浴，以免將有病變的細胞沖洗或掩蓋掉。
4. 抹片刮下的細胞也有可能不是病變的區域，保險起見，還是得定期篩檢。

·陰道炎

陰道炎是最常見的女性陰部發炎症狀，依照所感染病原體的不同，可分為：細菌性、黴菌性與滴蟲性陰道炎。

1. **細菌性陰道炎**：最常見的陰道炎，是由於細菌附著在陰道上皮細胞所造成。症狀主要是陰道分泌物有惡臭、顏色呈黃綠色。陰道內有傷口或有不潔異物進入都是可能的發病原因。

2. **黴菌性陰道炎**：主要由念珠菌所引起，症狀是陰部搔癢，陰道分泌物變多，呈乳白色塊狀或液狀。氣候潮濕、性行為頻繁、衛生習慣不佳都有可能引發。

3. **滴蟲性陰道炎**：因感染陰道滴蟲而造成的陰道炎。一般是經由性行為傳染，若一方帶有病原蟲，則可能在做愛過程中傳給對方。症狀是陰道分泌物增加，呈灰綠色並伴有搔癢及灼熱感。要注意的是，若發現感染滴蟲性陰道炎，最好要連同性伴侶一起接受治療，以避免交叉感染。

・尿道炎

尿道炎的感染主要容易發生在三個時期：月經期、排卵期、性行為時。女生的尿道較短，而且位置接近陰道口與肛門，所以如果不注意清潔或時常憋尿，在進入或愛撫的時候，便很容易將外陰部或肛門的細菌帶入尿道，造成尿道甚至膀胱發炎。憋尿也會讓尿液中的細菌濃度增加，會提高感染的可能性。輕微的話，會有頻尿、排尿時有灼熱感等症狀，嚴重時甚至可能出現血尿的情形。

· 陰道戳傷

未修剪指甲而戳傷陰道，可能造成流血、發炎或感染。

· 愛滋病（AIDS）與ＨＩＶ病毒

俗稱的「愛滋病」全名為「後天免疫缺乏症候群」，是因感染了ＨＩＶ病毒，使身體的免疫系統受到破壞而無法抵抗疾病，最終則因為各種感染症狀導致死亡。

ＨＩＶ的感染途徑主要是透過接觸感染者的體液、血液來進行傳染。雖然女女之間的性行為模式相對來說感染風險較低，但仍不應輕忽。在不清楚對方健康情形的情況下，口腔有傷口時進行口交，或手上有傷口時插入陰道，都有可能形成體液交換而感染ＨＩＶ病毒。如果妳有與男性進行無套的性行為，除了驗孕外，評估風險之後可在三個月空窗期後進行匿名篩檢（可上網尋找匿名篩檢之單位，也可直接聯繫台灣同志諮詢熱線協會預約篩檢），以確定自身的健康狀況。

ＨＩＶ病毒可潛伏在人體內數個月至數年之久，但也無須過度擔憂，在現今醫療科技進步的狀況下，經過治療介入控制，且感染者維持身體健康，免疫系統完善，也可與一般人無異地持續生活十幾二十年以上。病毒本身在接觸空氣之後一分鐘內就會死亡，因此除了在體內的體液交換、血液交換，或母子垂直傳染之外，其他的接觸感染機率微乎其微，無須過度焦慮。

如何跟婦科醫生談妳們的性

．何時一定得去看婦產科？

建議如果有疼痛感或長時間搔癢、出血、悶痛等狀況，請一定要前往婦產科做檢查。雖然有百分之二十三的受訪者會因為同性性經驗或自身的性別氣質，降低就醫的意願，但與十年前相比，因此不願就醫的人已減少百分之十三左右的比例。目前台灣的就醫環境也尚未完全友善，但因為同婚專法通過，許多醫院也漸漸關注到LGBT議題的訓練，就算你不確定友善與否，身體的健康也是要顧。通常較有規模的大醫院婦產科，由於各種狀況的病人皆有多方接觸，加上市立醫院通常較有可能獲得進步的性別平等訊息，可能會較為友善。衛生福利部疾病管制署有統整一份全台灣的性健康友善醫療資源，詳情請見本書附錄。

·看婦產科可能會遇到什麼狀況？

1. 填寫病歷，病歷中可能會需要妳填寫已婚／未婚，或是否曾有性行為。
2. 詢問上次月經的時間，通常是指月經來潮的第一天。
3. 醫生可能會視狀況進行內診。

·當婦產科問妳是否有性行為／結婚

基本上，這個問題是要確認妳是否有可能懷孕，以及是否有需要或能不能幫妳進行內診，以及評估妳常用性行為模式的危險性。現今社會逐漸開放，已經愈來愈少醫生會用「有沒有結婚」來判定是否有性行為，而且因為同婚通過，有沒有結婚也可能代表和同性結婚，並無法確認是否「結婚」就代表「與男性有性行為」與「有可能懷孕」。且，如果有外物進入過妳的陰道（如：手指、玩具等），代表非陰道本身的菌種有可能進入妳的陰道，在陰道抵抗力降低時，就有可能發生感染，或因陰道內壁被撐開擠壓到尿道，也有可能因為細小傷口造成感染。

如果妳不介意出櫃，可以在醫生問診時直接說明女同志的身分，如：「我的性行為對象是女生」、「不是跟男生」，不一定要直接說出女同志三個字，當然妳想講的話也非常好。如此，醫生就可以有足夠的資訊，不會誤認為妳有可能被陰莖所帶入的細菌感染，或有懷孕的可能。如果妳不想出櫃，則可以回答「有用手指進入」或「我們都用手指」。而若妳非常不希望進行內診，可以說妳沒有過性行為，或是直接說明不想內診，醫生就可能會用問診的方式來診斷。

不過，目前雖然民間和政府正積極推動性別友善的醫療現場再教育，依舊很難確保每個醫療現場的狀況。看到這本書的妳，如果要前往婦產科就診，還是請做好事前準備，並思考一下如何回應醫療現場的問題。如果想要確保去到友善的醫療診所，歡迎參考附錄資料。

・內診看起來很可怕，它到底是什麼？

就跟喉嚨痛耳鼻喉科醫生會看患者的喉嚨紅腫到什麼程度一樣，陰道或尿道發炎也必須觀察她們的狀況，才可以決定要開什麼樣的藥。通常醫生會使用鴨嘴張開器打開妳的陰道觀察，然後放入內診用的超音波器具。現在一般診所用的鴨嘴器多是拋棄式的，並且在內診時醫生通常會戴上乳膠手套，並在超音波器具套上保險套或塑膠套以隔絕細菌。這時候病人會上診療台採生產姿勢看診，通常不能好幾台內診病人並排，這方面可以多留意醫師是否都有做到此類細節。

目前受過較完整訓練，或在較大規模醫院工作的婦產科醫生，在進行內診之前，也多會讓女性護理師先陪同病患進入內診區，由護理師指引病患接下來的步驟，以及會在病患脫下下半身衣物之後，覆蓋上毯子或毛巾。之後醫生也會口頭告知接下來的動作，如：「現在要放鴨嘴器囉」等等。如採一般內診（非陰道超音波），醫生會用兩指進入，有上頂的動作，藉由手指觸感了解陰道情形。若需投藥陰道塞劑，會在內診之後進行。不論是一般內診或陰道超音波，皆需經病人同意，若想拒絕無需理由。

結語

「給女同志的身體、性愛與親密關係的指導」是本書的副書名，服務同志社群多年，看過為身體所苦的陽剛踢和跨性別朋友、被社會所內化的性道德壓迫的女同志和雙性戀女性同胞，以及許多在親密關係中無意間傷害彼此的伴侶。總希望這社會上的每個同志都能過得更快樂、更能做自己，故以此為副書名，寫下這些故事與文字，希望這個社會與你的心裡都能開創更多空間，也讓我們更自由些。

身體、性愛與親密關係並非只是名詞，在每個人的生命裡，它們事實上都是動詞，會隨著時間而有所改變。不同階段的我們，對於性與愛的需求不同，身體所需要的了解和照顧也會有所差異，沒有固定答案，更沒有一蹴可幾的捷徑。

好好

我們都是不斷改變的個體，不論是和自己或另一個人結伴前行、成長，都要透過不斷認識自己與對方才能達成。本書只是一個開端，往後的人生，還得要靠你尋找適合自己的方法繼續努力。紙短情長，本書的未竟之處，希望未來台灣能有更多讓女同志們暢所欲言的空間或資源，讓我們持續交流吧！

附錄

同志團體

以下團體皆有臉書粉專，歡迎在臉書搜尋團體名稱即可查詢到。

・社團法人台灣彩虹平權大平台協會

作者任職的機構，前身為「婚姻平權大平台」，為二〇一六年由五個性別相關團體共同發起，在推動同性婚姻合法化的過程中，經歷民法修正、釋憲、公投到二〇一九年五月的專法通過，扮演整合公民社會的力量進行倡議的關鍵角色，同時也在社會溝通、在地組織經營和國際交流等工作上著力甚深。彩虹平權大平台未來將積極透過政治參與、社會教育、國際合作等行動，消除因性別產生的各種不平等，讓友善同志成為生活的日常，邁向多元共好的台灣。

電話：02-23650791

網址：http://equallove.tw

臉書：https://www.facebook.com/equallovetw

・社團法人台灣同志諮詢熱線協會

台灣最老牌的同志團體，提供同志社群與其親人支持與各種諮詢服務，定期舉辦中年女同志與女同志相關議題講座，對社會大眾進行教育且爭取同志權益。

諮詢電話：02-23921970

同志諮詢：每週一四五六日，19:00-22:00

父母諮詢：週二，18:00-21:00、週四，14:00-17:00

地址：台北市中正區羅斯福路二段70號12樓

行政電話：02-23921969

網址：https://hotline.org.tw/

臉書：https://www.facebook.com/TaiwanHotline

・社團法人台灣同志諮詢熱線協會南部辦公室

南部辦公室現有教育及家庭兩個工作小組，並且舉辦嫚拉蕾女同志系列活動、熟男聊天會、跨性別生命故事分享等。希望透過在地同志的聚集，在南台灣共同建立同志與性別友善的空間。

地址：高雄市新興區中山一路472號12F-7

電話：07-2811265

臉書：https://www.facebook.com/SouthHotline/

・社團法人台灣同志家庭權益促進會

由同志伴侶與其小孩，以及未來想要有家庭的同志朋友共同參與組成，現有準家長固定聚會、已婚同志家長的支持社群與講座，同時也持續爭取同志家庭在社會福利、教育等政策的改變，為同志家庭在台灣的權益而努力。提供同志伴侶或個人國內外人工生殖相關資訊、收養諮詢，以及支持有孩子的同志家長育兒交流。

LINE諮詢：https://lin.ee/vK8Tbtd

網址：https://www.lgbtfamily.org.tw/

臉書：https://www.facebook.com/twlgbtfamily

・同志父母愛心協會

亞洲第一個由同志父母所組成的團體，陪伴同志父母幫助孩子。

臉書：https://www.facebook.com/Parents.LGBT/

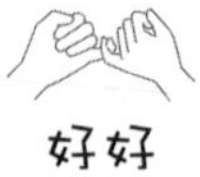

・社團法人台灣基地協會

位於台中的同志中心，提供在地同志服務之外，也定期舉辦女同志聚會與講座。

地址：台中市北區雙十路二段82號

電話：04-22333252

網址：https://www.gdi.org.tw/

臉書：https://www.facebook.com/TaichungGDi/

・社團法人台灣伴侶權益推動聯盟

於二〇〇九年成立，致力於推動台灣親密關係民主化與平權的法律改革，如婚姻平權、伴侶制度、跨性別權益等，同時提供同志社群法律諮詢與司法訴訟的服務。

網址：https://tapcpr.org/

・社團法人台灣女同志拉拉手協會

在台北定期舉辦給女同志參加的聚會活動、生活講座、交友聯誼。

臉書：https://www.facebook.com/leshand.org

・Bi the Way 拜坊

雙性戀夥伴們所組成的團體，在台灣各地有定期聚會活動。網址：https://bitheway.pixnet.net/blog

臉書：https://www.facebook.com/BitheWay.tw/

·台灣無性戀小組

推廣與教育無性戀的社群團體，在台灣各地有定期聚會活動。

臉書：https://www.facebook.com/asex.zh

·台灣TG蝶園

皓日專線（跨性別諮詢專線）：https://www.facebook.com/haori.hotline/

LINE線上諮詢請搜尋ID：0958630478

皓日專線電話號碼：0958-630-478（每週三19:00-22:00）

信箱：taiwantrans.org@gmail.com

·國際陰陽人組織中文版

網址：http://www.oii.tw

臉書：https://www.facebook.com/oii.chinese

·台灣性別不明關懷協會

致力於關懷難以用兩性定義的性別人群，推動性別平等與對抗父權體制。

網址：https://www.istscare.org/

同志／女同志線上資源

・祕密說出口—同志伴侶衝突暴力諮詢網站

由現代婦女基金會經營和台灣同志諮詢熱線協會合作，協助LGBT個人面對親密關係暴力與衝突的線上諮詢網站，同時也提供實體的服務。

網址：http://lgbt.38.org.tw/

・BBS

台大批踢踢站的Lesbian 版、Bisexual版、Transgender版。

網址：http://telnet.ptt.cc

・Double束胸 X Chest Binder

網址：https://www.mydouble.co/

臉書：https://www.facebook.com/double.tw

· **T&G線上束胸商城**

網址：https://www.tomboys.com.tw/

其他相關資源

以下為公部門設立的性別友善資源，請自行於Google搜尋關鍵字。

· **「性健康友善門診」**

行政院衛生福利部疾病管制署所整理出的各縣市資源，是可供下載的PDF，可下載妳所在的縣市仔細研究在地性別友善的醫師。

網址：https://reurl.cc/kVKqn3

· **「同志健康社區服務中心」**

為行政院衛生福利部疾病管制署所成立的地方同志健康中心，多數是基於愛滋防治的經費和服務所設立，但也有些女同志、雙性戀與跨性別資源，請下載後聯繫和妳較為靠近的同志中心，上網搜尋或是去電詢問是否有女同志相關活動。

・行政院性別平等會・多元性別專區

由行政院的性別平等會所設立的多元性別專區，除了法規、統計資料、教育訓練素材之外，也備有跨性別與雙性人的資訊專區，供民眾與地方縣市政府查詢。

https://gec.ey.gov.tw/Page/D49DA0F230080286

・台北市政府性別友善LGBT資訊專區

由台北市政府民政局推出LGBT資訊專區的網站，網站包含了社福、教育、職場、醫療等資訊，提供給台北市民多元共融的空間與資源。

https://lgbt.gov.taipei/Default.aspx

開放式與多重關係線上社群

・波栗打開開

網址：http://www.poly.tw/

臉書：https://www.facebook.com/polyamory.tw

・拆框工作坊

網址：http://polyamory-tw.blogspot.com/

臉書：https://www.facebook.com/trini.poly/

女同志BDSM相關資源

・皮繩愉虐邦

台灣第一個公開的BDSM社團，希望召喚BDSM人的身分認同，提供資訊和活動，成為平台與為BDSM議題發聲的窗口。

網址：http://www.bdsmtw.com/

Email：BDSMcompany@gmail.com

臉書：https://www.facebook.com/kinky.adventure

推特：https://twitter.com/BDSMtw

【女性限定LINE群】欲加入者請以臉書或電郵聯繫皮繩愉虐邦，表明加入動機及自我介紹，並註明從本書得知LINE群加入管道。

【女性限定BDSM相關課程】請關注不定期舉辦之「女爵宮坊」系列活動。

・各大學BDSM或多元情慾相關社團社課

欲聯繫各社團，請於臉書搜尋：「中山大學性別友善社Gender Friendly」、「台大BDSM社」、「成大禁羈社」、「師大多元性慾友善社（性善社）」、「清華大學愛慾實務社」。

・BDSM活動行事曆

建議先從講座、聊天會、讀書會等活動開始參與。

網址：https://todo.smertw.com/

・濡沫社群「多元親密關係」版

女同志社群的BDSM實踐邀約和相關文章。

網址：https://community.lezismore.org/c/relationships/8

女同志實體娛樂與友善場所

・Bistro O 避世所

地址：台北市大安區師大路49巷3號2樓
電話：02-23637170
營業時間：週三15:00後，週四至週日14:00後，週一、週二公休（請電話確認）
網址：https://www.facebook.com/bistroO/

・Taboo

地址：台北市建國北路2段90號B1
電話：02-25181119
營業時間：週三、四、日 21:00-02:00，週五、六 22:00-04:00
臉書：https://www.facebook.com/TABOONightClub/

・Wonder bar & lounge

地址：台北市復興北路183號1樓
電話：02-2716 6036
營業時間：週二、三、四、日19:00-01:00，週五、六19:00-02:00，週一公休
臉書：https://www.facebook.com/wonderbar.tpe

・愛之船拉拉時尚概念館

好好

地址：台北市羅斯福路三段240巷11號
電話：（02）2364-8757
營業時間：週二至週日14:00-22:00，週一公休
網址：https://lesloveboat.ecwid.com/

・Amore小酒吧

地點：高雄市苓雅區五福三路101號8樓之6
營業時間：20:00 - 02:00，週一至週三公休
電話：0956166188（無訂位服務，可先打電話確認有無位子）
臉書：https://www.facebook.com/Amore.Fonda/

・翻滾吧，蛋捲！美式餐廳

地址：台南市林森路二段192巷35弄23號
電話：06-2361993
臉書：https://www.facebook.com/RollingEgg.Tainan

・Par.T 帕特拉拉時尚館

網址：https://www.t-studio.info/zh-TW

【台北西門店】

地址：新北市三重區成功路73巷19號

電話：02-2977-5580；0922-466580

營業時間：週一至週六 9:00-18:00

【台中逢甲店】

地址：台中市西屯區逢甲路9之6號碧根廣場1樓B6（碧根廣場1F）

電話：04-2452-2256；0966-665938

營業時間：週一、四、五17:00-24:00；週三、六、日15:00-24:00，週二公休

【台南店】

地址：台南市中西區北門路一段57號

電話：06-2270893 / 0928-959213

營業時間：每日13:00-22:00，店休另行公告

呂欣潔新書分享會

好好

——給女同志身體、性愛與親密關係的指導（全新修訂版）

2021／06／05（六）

時間｜15：00

地點｜金石堂信義店5樓（台北市大安區信義路二段196號，近捷運東門站）

洽詢電話：(02)2749-4988

＊免費入場，座位有限

國家圖書館預行編目資料

好好——給女同志身體、性愛與親密關係的指導（全新修訂版）/呂欣潔著. -- 初版. -- 臺北市 : 寶瓶文化事業股份有限公司, 2021.05
面 ; 公分. -- (Enjoy ; 065)
ISBN 978-986-406-234-8(平裝)
1.性知識 2.同性戀

429.1 110004764

Enjoy 065

好好——給女同志身體、性愛與親密關係的指導（全新修訂版）

作者／呂欣潔

發行人／張寶琴
社長兼總編輯／朱亞君
副總編輯／張純玲
資深編輯／丁慧瑋
編輯／林婕伃
美術主編／林慧雯
校對／林婕伃・陳佩伶・劉素芬・呂欣潔
營銷部主任／林歆婕 業務專員／林裕翔 企劃專員／李祉萱
財務主任／歐素琪
出版者／寶瓶文化事業股份有限公司
地址／台北市110信義區基隆路一段180號8樓
電話／(02)27494988 傳真／(02)27495072
郵政劃撥／19446403 寶瓶文化事業股份有限公司
印刷廠／世和印製企業有限公司
總經銷／大和書報圖書股份有限公司 電話／(02)89902588
地址／新北市五股工業區五工五路2號 傳真／(02)22997900
E-mail／aquarius@udngroup.com

法律顧問／理律法律事務所陳長文律師、蔣大中律師
如有破損或裝訂錯誤，請寄回本公司更換
著作完成日期／二〇二一年
初版一刷日期／二〇二一年五月
初版二刷日期／二〇二一年五月十四日
ISBN／978-986-406-234-8
定價／三七〇元

AQUARIUS 寶瓶文化事業

愛書人卡

感謝您熱心的為我們填寫，
對您的意見，我們會認真的加以參考，
希望寶瓶文化推出的每一本書，都能得到您的肯定與永遠的支持。

系列：Enjoy 063 書名：好好——給女同志身體、性愛與親密關係的指導（全新修訂版）

1. 姓名：＿＿＿＿＿＿＿＿ 性別：□男 □女

2. 生日：＿＿＿年＿＿＿月＿＿＿日

3. 教育程度：□大學以上 □大學 □專科 □高中、高職 □高中職以下

4. 職業：＿＿＿＿＿＿＿＿

5. 聯絡地址：＿＿＿＿＿＿＿＿＿＿＿＿＿＿＿＿＿＿＿＿

聯絡電話：＿＿＿＿＿＿＿＿ 手機：＿＿＿＿＿＿＿＿

6. E-mail信箱：＿＿＿＿＿＿＿＿＿＿＿＿＿＿＿＿

□同意 □不同意 免費獲得寶瓶文化叢書訊息

7. 購買日期：＿＿＿ 年 ＿＿＿ 月 ＿＿＿日

8. 您得知本書的管道：□報紙／雜誌 □電視／電台 □親友介紹 □逛書店 □網路 □傳單／海報 □廣告 □其他

9. 您在哪裡買到本書：□書店，店名＿＿＿＿＿＿ □劃撥 □現場活動 □贈書 □網路購書，網站名稱：＿＿＿＿＿＿ □其他＿＿＿＿＿＿

10. 對本書的建議：（請填代號 1. 滿意 2. 尚可 3. 再改進，請提供意見）

內容：＿＿＿＿＿＿＿＿＿＿＿＿

封面：＿＿＿＿＿＿＿＿＿＿＿＿

編排：＿＿＿＿＿＿＿＿＿＿＿＿

其他：＿＿＿＿＿＿＿＿＿＿＿＿

綜合意見：＿＿＿＿＿＿＿＿＿＿＿＿＿＿＿＿＿＿＿＿＿＿＿＿

11. 希望我們未來出版哪一類的書籍：＿＿＿＿＿＿＿＿＿＿＿＿＿＿＿＿

讓文字與書寫的聲音大鳴大放

寶瓶文化事業股份有限公司

（請沿此虛線剪下）

廣 告 回 函
北區郵政管理局登記
證北台字15345號
免貼郵票

寶瓶文化事業股份有限公司 收

110台北市信義區基隆路一段180號8樓
8F,180 KEELUNG RD.,SEC.1,
TAIPEI.(110)TAIWAN R.O.C.

（請沿虛線對折後寄回，或傳真至02-27495072。謝謝）